普通高等教育"十三五"规划教材

Photoshop 图像处理案例教程

王茹娟　王　蕾　主　编

刘　莹　商应丽
李　峤　许春玲　副主编

东北师范大学人文学院教材资金资助

科　学　出　版　社

北　京

内 容 简 介

本书以培养应用型、技能型人才为目标，结合编者多年的教学经验编写而成，遵循够用为度的原则，详细介绍了 Photoshop CS6 各项功能与工具使用的基本技巧，能够满足各专业学生的需求。

全书共 10 章，分别介绍了 Photoshop CS6 的工作环境和基本概念；基本操作和常用工具的使用方法；选区与图层的应用技术；蒙版的使用方法；图像的修饰与润色；路径的创建与应用；文字的输入与编辑；通道的分类与应用；滤镜的使用等。本书采用"理论+案例"的形式，按照从易到难，从简到繁，从基础到综合，从入门到提高这一主线，精选大量典型实例，使读者能够在实践之后掌握图像处理的基本技能。

本书实践性强，脉络清晰，内容丰富，图文并茂，通俗易懂。既适合作为平面设计、影像创意、网页设计、数码图像处理的广大初学者的自学教程，也适合各类培训学校作为相关课程的教材使用，还可作为高等院校非计算机专业的计算机基础教材。

图书在版编目（CIP）数据

Photoshop 图像处理案例教程/王茹娟，王蕾主编. —北京：科学出版社，2018

（普通高等教育"十三五"规划教材）

ISBN 978-7-03-056316-3

Ⅰ. ①P⋯　Ⅱ. ①王⋯②王⋯　Ⅲ. ①图象处理软件-高等学校-教材　Ⅳ. ①TP391.413

中国版本图书馆 CIP 数据核字（2018）第 007953 号

责任编辑：戴　薇　杨　昕 / 责任校对：刘玉靖
责任印制：吕春珉 / 封面设计：东方人华平面设计部

科学出版社 出版
北京东黄城根北街 16 号
邮政编码：100717
http://www.sciencep.com

北京虎彩文化传播有限公司 印刷
科学出版社发行　各地新华书店经销

*

2018 年 3 月第 一 版　开本：787×1092　1/16
2020 年 7 月第三次印刷　印张：17 1/2
字数：415 000

定价：45.00 元
（如有印装质量问题，我社负责调换〈虎彩〉）

销售部电话 010-62136230　编辑部电话 010-62135397-2032

前　言

在创意产业快速发展的今天，掌握软件应用技能和平面设计应用技能，提高艺术设计修养是每一个准备从事设计工作的读者应当关注的 3 个重要方面。熟练的软件应用技能是实现创意的保证，较好的设计修养是产生创意和灵感的基础。Adobe Photoshop 是一款功能强大、应用广泛的专业级图像处理软件。越来越多的人们开始使用图像处理软件进行平面设计、网页设计、图像处理、影像合成和数码照片后期处理等。如今，Photoshop 拥有大量的用户，除了专业平面设计人员外，许多摄影爱好者和图像处理爱好者普遍使用该软件进行图像修饰。

本书的编写特点如下：

1. 以"技能介绍+设计应用"的全案例教学方式，系统讲解了 Photoshop CS6 的工具使用、选区操作、图层编辑、蒙版与通道应用、绘制路径、文字处理、应用滤镜制作视觉特效等多种技能和设计知识。

2. 定位于 Photoshop 的初学者，从一个图像处理初学者的角度出发，合理安排知识结构，结合大量实例进行讲解，帮助读者在最短的时间内掌握有用的 Photoshop 技能，迅速成为图像处理高手。

3. 在内容设计上，从读者日常生活、学习和工作中的实际需求出发，逐步深入，注重实战操作与实用技巧的传授，让读者真正学以致用、学有所用。

本书所有实例中的 Photoshop 源文件与素材等资源，可从科学出版社职教出版中心网站 www.abook.cn 下载。

本书由王茹娟、王蕾担任主编。王茹娟编写第 6～10 章，王蕾编写第 1～5 章，刘莹和许春玲编写实例，商应丽和李峤负责本书图片的采集和整理工作。

由于编者的能力和水平有限，书中难免有不妥之处，敬请读者批评指正。

编　者
2017 年 11 月

目　　录

第 1 章　Photoshop CS6 基础知识

　　Photoshop 是 Adobe 公司旗下知名的图像处理软件之一，集图像扫描、编辑修改、图像制作、广告创意、图像输入与输出等多种功能于一体。由于 Photoshop 提供了便捷的图像制作工具、强大的像素编辑功能、友好的操作界面和灵活的可扩展性，因此被广泛应用于摄影后期处理、绘画艺术、平面设计、网页设计及插画设计等多个领域，深受广大平面设计人员、摄影师和广告从业人员的喜爱。

1.1　认识 Photoshop CS6

　　Photoshop 最早起源于 Display 程序，该程序最初用于显示带灰度的黑白图像，后来经过修改具备了羽化、色彩调整和颜色校正等功能，并最终定名为 Photoshop。本书介绍的 Photoshop CS6 由 Adobe 公司在 2012 年 4 月正式推出，是一个较为重大的更新版本。

1.1.1　Photoshop 的应用领域

1. 平面设计

　　平面设计是 Photoshop 应用最为广泛的领域。例如，图书封面（图 1.1）、电影海报（图 1.2）、商场海报（图 1.3）、饭店菜单（图 1.4）等都可以使用 Photoshop 进行设计。

图 1.1　图书封面　　　　　　　　　　图 1.2　电影海报

图 1.3　商场海报　　　　　　　　　　　　图 1.4　饭店菜单

2. 照片处理

Photoshop 在照片处理方面具有强大的图像修饰功能。借助于这些功能，用户可以快速修复照片上的瑕疵，如去掉天空中的电线（图 1.5）；可以调整照片的色调，如改变花的颜色（图 1.6）；可以为人物相片更换背景，如人物相片合成（图 1.7）。因此，Photoshop 也是影楼设计师的好帮手。

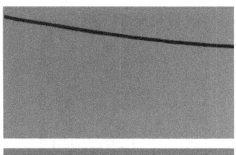

图 1.5　去掉天空中的电线　　　　　　　　图 1.6　改变花的颜色

图 1.7　人物相片合成

3. 界面设计

界面设计已经受到越来越多的软件开发者的青睐，大部分软件界面可以使用 Photoshop 来设计。

4. 网页设计

随着互联网的迅速普及，人们对网页的审美要求也不断提高，因此使用 Photoshop 来美化网页元素就显得尤为重要，某校网站首页如图 1.8 所示。

图 1.8　网站首页

5. 艺术文字设计

文字几乎是所有设计作品中不可缺少的部分，它能够直接表达设计者的设计意图。通过 Photoshop 的艺术处理可将普通文字变得具有各种质感，为图像增加特效。特效文字如图 1.9 所示。

图 1.9 特效文字

6. 插画创作

Photoshop 的绘画功能非常强大，它为用户提供了各种画笔笔尖形状，通过设置不同的参数还能衍生出更多的画笔笔尖效果，显著增强了它的绘画功能，人们可以选择不同的画笔来绘制各种精美的插画。

Photoshop 的应用绝不仅限于上述领域，它还有许多其他应用。例如，视觉创意设计可以帮助设计者将原本不相干的图像组合在一起，充分发挥想象力设计出富有视觉表现力的作品；三维设计用于建筑效果图的后期修饰。

1.1.2 Photoshop CS6 的启动与退出

1. 启动 Photoshop CS6

启动 Photoshop CS6 主要有以下 3 种方法：
1）双击桌面上的 Photoshop CS6 快捷方式图标 Ps 。
2）选择"开始"→"所有程序"→"Photoshop CS6"命令。
3）双击任何一个文件，保存类型为 PSD 格式。

2. 退出 Photoshop CS6

退出 Photoshop CS6 主要有以下 3 种方法：
1）单击"菜单栏"→"控制按钮"→"关闭"按钮。
2）选择"文件"→"退出"命令。
3）使用【Alt+F4】组合键。

1.1.3 Photoshop CS6 的工作界面

启动 Photoshop CS6 后，用户会看到如图 1.10 所示的工作界面，包括菜单栏、控制按钮、选项栏、工具箱、工作区、状态栏和浮动面板等。

1）菜单栏是应用软件必不可少的组成部分，可以为软件的大多数命令提供功能入口。Photoshop CS6 的菜单栏由 11 个菜单命令组成，依次为"文件""编辑""图像""图层""文字""选择""滤镜""3D""视图""窗口""帮助"，选择各个菜单命令，还能打开其下级子菜单，其中的功能非常丰富。

图 1.10　Photoshop CS6 工作界面

　　2）选项栏位于菜单栏的下方，其功能是对工具进行参数设置、调整工具的行为和属性。选项栏的内容会随着所选工具的变化而变化，不同的工具有不同的参数。

　　3）工具箱是 Photoshop CS6 工作界面的重要组成部分，主要包括选择工具、绘画工具、填充工具和编辑工具等。工具箱下拉菜单可以单列显示在工作界面的左侧，如图 1.10 所示，也可以调整为双列显示在其他位置。

　　4）工作区是用户编辑图像的主要场所，所有操作的最终效果都会显示在工作区中。

　　5）状态栏用于显示当前图像的显示比例和文档的大小。单击文档 按钮，可以显示文档的高度、宽度、通道颜色和分辨率等详细信息，如图 1.11 所示；单击状态栏上的按钮，还可以选择显示文件的不同信息，如图 1.12 所示。

图 1.11　状态栏信息

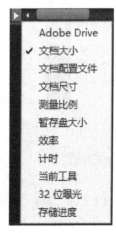

图 1.12　状态栏菜单

6）控制按钮在 Photoshop 中的作用与其他应用软件一样，提供了最小化按钮、最大化（向下还原）按钮和关闭按钮，用于调节程序窗口的大小和关闭程序窗口。

7）浮动面板可以帮助用户完成各种图像处理操作和参数的设置。Photoshop 将一些重要的功能做成浮动面板，软件启动后，浮动面板会自动出现在工作界面的右侧，方便用户就近使用。所有的浮动面板都可以在"窗口"菜单中找到，只需在列表中将其选中，其就会出现在工作界面中。

1.1.4　Photoshop CS6 的工具箱

Photoshop CS6 工具箱将 Photoshop 各种工具的功能以图标形式聚集在一起，通过图标就能了解该工具的功能。在默认情况下，工具箱下拉菜单可以单列显示在窗口左侧，如图 1.13 所示；单击工具箱左上角的 ►► 按钮，可以将其显示为双列，如图 1.14 所示，用户用鼠标拖动工具箱上方的空白处，可以将其放置于其他位置。

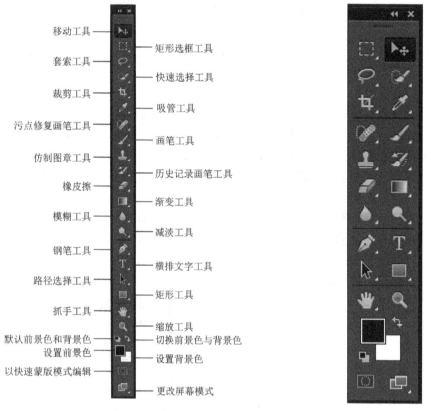

图 1.13　工具箱　　　　　　　　　图 1.14　双列工具箱

Photoshop CS6 提供的工具不仅限于图 1.13 的内容，如果注意观察就会发现许多工具带有三角标识，表示该工具可以调出子工具，因此只需拖动鼠标或者右击鼠标，就会看到工具箱中的全部工具，如图 1.15 所示。

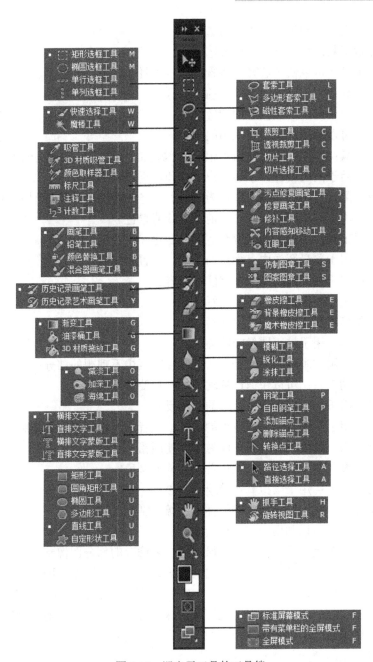

图 1.15 调出子工具的工具箱

工具箱中各工具的使用说明如下。

移动工具：可以对图像或选取内容进行移动、排列和分布等操作。

矩形选框工具：用于绘制矩形或正方形选区。

椭圆选框工具：用于绘制椭圆或圆形选区。

单行选框工具：用于绘制高度为 1 像素的选区。

单列选框工具：用于绘制宽度为 1 像素的选区。

套索工具：用于绘制形状不规则的选区。

多边形套索工具：用于绘制多边形选区。

磁性套索工具：可以快速选择与背景反差较大且边缘复杂的选区。

快速选择工具：用于选取边缘清晰的图像区域。

魔棒工具：用于选取颜色相近的图像区域。

裁剪工具：可以从图像上裁剪规则的部分。

透视裁剪工具：可以将具有透视的图像进行裁剪，将画面拉直并修正为正确的视角。

切片工具：用于网页设计，创建用户切片和基于图层的切片。

切片选择工具：用于编辑切片，包括选择、对齐、分布切片，以及调整切片的层次顺序。

吸管工具：用于采集颜色样本作为前景色或背景色。

颜色取样器工具：用于精确观察颜色值的变化。

标尺工具：用于测量图像中点到点的距离、位置和角度。

注释工具：用于在图像中添加文字注释内容。

计数工具：用于对图像中的元素进行计数。

污点修复画笔：用于消除图像中的污点。

修复画笔工具：用于校正图像中的瑕疵。

修补工具：利用样本或图案来修复所选图像区域中不理想的部分。

内容感知移动工具：可以快速地移动或复制想要修改的部分。

红眼工具：用于去除由闪光灯导致的红色反光。

画笔工具：用于绘制具有毛笔特性的线条，或者用于修改通道和蒙版。

铅笔工具：用于绘制硬边线条，就像实际使用铅笔一样。

颜色替换工具：用于将选定的颜色替换为其他颜色。

混合器画笔工具：用于模拟真实的绘画效果。

仿制图章工具：用于将图章获取的样本图像复制到其他区域。

图案图章工具：可以利用图案进行绘画。

历史记录画笔工具：用于恢复在图像编辑中被修改的部分图像到某一历史状态。

历史记录艺术画笔工具：用于将标记的历史记录用作源数据对图像进行修改。

橡皮擦工具：用于擦除图像中不需要的部分，并且在擦过的地方显示背景层的内容。

背景橡皮擦工具：用于图像的智能擦除在抹除背景的同时保留前景对象的边缘。

魔术橡皮擦工具：用于将所有相似的像素更改为透明。

渐变工具：使用渐变色填充选区或图层。

油漆桶工具：使用前景色或图案填充选区或图层。

模糊工具：用于柔化硬边缘或者减少图像中的细节。

锐化工具：用于增强图像中相邻像素之间的对比度。

涂抹工具：用于模拟手指划过湿油漆时所产生的效果。

减淡工具：用于对图像进行减淡处理。

加深工具：用于对图像进行加深处理。

海绵工具：用于精确地更改图像某个区域的色彩饱和度。

钢笔工具：用于绘制任意形状的直线和曲线路径。

自由钢笔工具：用于绘制比较随意的路径。

添加锚点工具：可以在路径上添加锚点。

删除锚点工具：可以在路径上删除锚点。

转换点工具：用于转换锚点的类型。

横排文字工具：可以输入横向的文字。

直排文字工具：可以输入纵向的文字。

横排文字蒙版工具：用于创建横向文字选区。

直排文字蒙版工具：用于创建纵向文字选区。

路径选择工具：用于选择已有路径，然后对其进行组合、对齐和分布等操作。

直接选择工具：可以选择或移动路径上的锚点，调整方向线。

矩形工具：用于绘制正方形和矩形。

圆角矩形工具：用于绘制具有圆角效果的矩形。

椭圆工具：用于绘制椭圆和圆形。

多边形工具：用于绘制正多边形和星形。

直线工具：用于绘制直线和箭头线。

自定形状工具：用于绘制各种自定形状。

抓手工具：可以在放大的图像窗口移动图像，查看特定区域的部分图案。

旋转视图工具：用于旋转画布。

缩放工具：可以放大或缩小图像。选择"缩放工具"命令，单击图像实现图像的放大，若按【Alt】键的同时单击"缩放工具"按钮即可实现图像的缩小；双击"缩放工具"按钮则将图像的显示比例恢复到 100%。

默认前景色和背景色：单击"默认前景色和背景色"按钮。可以使得图像恢复到黑色前景色和白色背景色的状态。

切换前景色和背景色：用于切换前景色和背景色。

设置前景色：单击设置前景色，更改前景色。

设置背景色：单击设置背景色，更改背景色。

以快速蒙版模式编辑：用于创建和编辑选区。

更改屏幕模式：主要是在标准屏幕模式、带有菜单栏的全屏模式和全屏模式三者之间实现切换。

1.1.5　Photoshop CS6 的浮动面板

浮动面板是 Photoshop CS6 中重要的辅助工具，共包括 26 个面板，可以提供进一步精确调整各个工具的选项。浮动面板列表，如图 1.16 所示。启动软件后，并非所有的面板都显示在工作界面上，如果需要显示某一个面板，只需打开"窗口"菜

图 1.16　浮动面板列表

单，在浮动面板列表中勾选即可。

下面介绍几个主要浮动面板的功能。

1. 图层面板

图层面板使用频率最高，它对图像合成很有帮助，详细的使用方法参看第 4 章。

2. 通道面板

通道面板有两个功能，即存储颜色和保存选区。通道面板上的通道数量取决于图像的颜色模式，其具体使用方法参看第 9 章。

3. 路径面板

路径面板用于存储路径，通常结合路径工具一起使用。

4. 导航器面板

导航器面板用于观察图像，对图像进行缩放，方便查看指定区域。

5. 颜色面板

颜色面板主要用于改变图像的前景色和背景色。

6. 色板面板

色板面板的功能与颜色面板相似，不论使用哪种工具，只要将鼠标移到色板面板上单击设置前景色，就可以改变前景色；按【Ctrl】键单击设置背景色，则可以改变背景色。

7. 字符面板与段落面板

字符面板提供了强大的文本编辑功能，它与段落面板是文本编辑的两个密不可分的工具，字符面板用于设计单个文字的格式，段落面板则用于设定文字段落或者文字与文字之间的相对格式。

8. 历史记录面板

历史记录面板用于记录操作步骤，可以帮助恢复到之前某一步的状态。

9. 样式面板

样式面板主要用于保存、管理和应用图层样式，将特效快速应用到所有图层。

10. 仿制源面板

仿制源面板主要结合图章工具或修复画笔工具来使用。

11. 画笔面板与画笔预设面板

画笔面板与画笔预设面板主要控制各种笔尖属性的设置，包括但不限于画笔工具，大部分以画笔模式进行工作的工具（画笔、铅笔、仿制图章、橡皮擦等工具）都可以借助这两个面板进行属性设置。

12. 信息面板

信息面板用于显示当前光标处的各种信息，其中左上角区域显示 RGB 色彩模式参数，右上角区域显示 CMYK 色彩模式参数，左下角区域显示当前点的坐标值，右下角区域显示当前所选区域的宽度和高度。

1.2　Photoshop CS6 的个性化设置

安装 Photoshop CS6 软件之后，用户可以按照自己的喜好和习惯来修改软件的设置。具体的操作方法是，选择"编辑"→"首选项"命令，单击首选项列表中的任何一个命令按钮，即可弹出"首选项"对话框，在其左侧列表中选择不同的选项进行设置。

1.2.1　设置工作环境的主题颜色

Photoshop CS6 默认显示暗色界面主题。当需要更改界面主题颜色时，可以在"首选项"对话框的左侧列表中选择"界面"选项，如图 1.17 所示，然后在"外观"区选择一种颜色即可，同时也可以设置屏幕的样式。

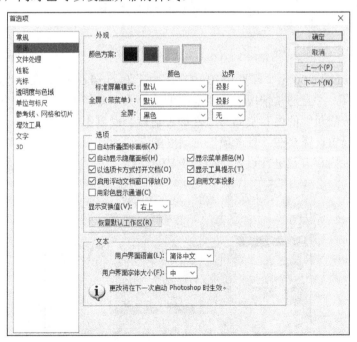

图 1.17　"首选项"对话框——设置主题颜色

1.2.2 设置文档的打开方式

在默认情况下，Photoshop CS6 以选项卡方式打开文档。若同时打开多个文档，则这些文档会吸附在工作区边框处，如图 1.18 所示。这种文档打开方式不利于同时查看多个文档。这时，用鼠标拖动文档的标题栏使其离开工作区边框，即可单独显示文档；或者直接在"首选项"对话框（图 1.17）中取消"选项"区"以选项卡方式打开文档"的勾选。

图 1.18　以选项卡方式打开文档

1.2.3 设置内存

运行 Photoshop CS6 至少需要 1GB 内存。由于 Photoshop CS6 在处理较大文件时会调用更多的内存，并且通常情况下它所需要的内存大小是待处理文件大小的 3～5 倍，因此如果没有分配足够的内存空间，软件的性能就会受到影响。

更改内存设置，需要在"首选项"对话框的左侧列表中选择"性能"选项，具体数值可以根据实际内存容量进行设置，如图 1.19 所示。

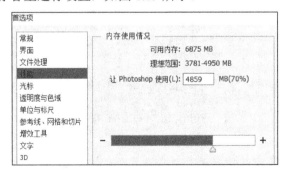

图 1.19　"首选项"对话框——设置内存

1.2.4　设置历史记录

在使用 Photoshop CS6 处理图像的过程中经常要返回上一步或更多步去对比效果，但是 Photoshop CS6 默认的历史记录列表只能显示 20 步，因此就要学会增加历史记录步骤数量的方法。

在弹出的"首选项"对话框中，选择"性能"选项卡，在"历史记录与高速缓存"记录中进行设置，如图 1.20 所示。

在选择一个历史记录后对图像进行更改时，所有活动记录下的记录都会被删除，或者更准确地讲，是被当前的记录所替代。然而，如果勾选"历史记录选项"面板中的"允许非线性历史记录"复选框，如图 1.21 所示，就可以选择一个记录对图像作出更改，接着所做的更改就会被附加到"历史记录选项"面板的底部，而不是将所有活动记录下的记录都进行替换，甚至还可以在删除一个记录的情况下不失去任何在其下方的记录。

图 1.20　修改历史记录次数

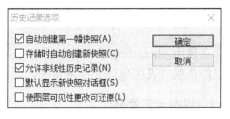

图 1.21　"历史记录选项"面板

1.2.5　设置工作区

在 Photoshop 中，可以使用多种元素（面板、工具箱、选项栏、菜单栏及窗口）来创建和处理文档，这些元素的排列方式称为工作区，Photoshop CS6 为用户提供了一个默认的基本功能工作区，如图 1.22 所示。基本功能工作区分为三层。第一层是"颜色""色板"，第二层是"调整""样式"，第三层是"图层""通道""路径"，此外还有"历史记录""属性"。

由于每个人的工作重点不同、习惯和喜好不同、使用的工具也不同，因此，大多数用户会按照自己的需要对工作区进行设置。

一般而言，设置自己的工作区主要是确定工作界面中的工具元素。打开"窗口"菜单，在下拉列表中勾选自己需要的浮动面板，然后用鼠标拖动它到某一个位置，对这些浮动面板可以进行组合、拆分和堆叠等。当用户调整好一个工作区后，就可以再次打开"窗口"菜单，选择"工作区"→"新建工作区"命令，在弹出的"新建工作区"对话框中输入新工作区的名称，如图 1.23 所示，单击"存储"按钮，即可创建一个工作区。

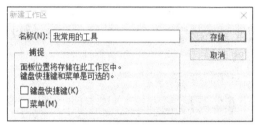

图 1.22　基本功能工作区　　　　　　　图 1.23　自定义工作区

1.3　图像处理的基本概念

在使用 Photoshop CS6 编辑图像之前，一定要先了解一些基本概念，包括图像的类型、颜色模式及图像的文件格式等，这些是使用 Photoshop 的基础。

1.3.1　位图与矢量图

计算机图形分为位图图像和矢量图形两类。Photoshop 是典型的位图图像处理软件。

1. 位图图像

位图图像，又称点阵图像或绘制图像，它是由许多点组成的，这些点称为像素。当许多不同颜色的点组合在一起时，就形成了色彩和色调变化丰富的图像，可以逼真地表现自然界的景象。

像素是构成图像的最基本单位。像素是一种虚拟的单位，只用于屏幕显示。每一个像素都有自己的颜色值和位置坐标值，用户可以对像素进行不同的排列和染色以构成图像。一个图像文件的像素越多，其包含的信息量越大，文件就越大，图像的品质也就越高。当将一个图像文件放大后，可以看到无数个小方块，每一个小方块就是一个像素，如图 1.24 所示。

分辨率是指单位面积内图像所包含像素的数目，通常用像素/英寸或像素/厘米表示。分辨率的高低直接影响图像的效果。分辨率有很多种，包括图像分辨率、打印分辨率、屏幕分辨率等，通常是指屏幕分辨率。

在屏幕上以较大的倍数放大显示图像，或者以过低的分辨率打印图像时，位图图像的边缘会出现锯齿现象，这就是位图失真，如图 1.25 所示。

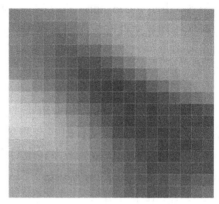

（a）图像正常显示　　　　　　　　　　　　　（b）放大的图像

图 1.24　像素

（a）图像原始效果　　　　　　　　　　　　　（b）图像失真效果

图 1.25　位图失真效果

2. 矢量图层

矢量图形也称为向量图形。构成矢量图形的基本单位是路径（线条）和点（色块）。矢量图形可以任意放大或缩小，也能以任何分辨率输出，不会降低图像的清晰度或者遗漏细节，但是它无法像照片一样精确地描绘自然界的景象。

1.3.2　颜色模式

图像的色彩决定了显示和打印图像的方式。颜色模式是将某种颜色表现为数字形式的模型，或者说是一种记录图像颜色的方式。它通常分为 RGB 颜色模式、CMYK 颜色模式、HSB 颜色模式、Lab 颜色模式、位图模式、灰度模式、索引颜色模式等。每种颜色模式的具体含义和特点参见第 6 章。

1.3.3　图像的文件格式

　　文件格式是计算机为了存储信息而使用的对信息的特殊编码方式，用于识别内部储存的资料。由于 Photoshop CS6 支持多种图像格式，方便与其他应用程序共享图像文件，因此在保存图像文件时，用户可以根据需要选择不同的文件格式。Photoshop CS6 的存储对话框中提供了 22 种文件格式供用户选择，下面介绍几种常用的文件格式。

　　1. PSD 格式

　　PSD 格式是 Photoshop 的专用格式，主要用于保存图层、通道等多种设计信息。虽然这种格式在保存图像文件时也会将文件压缩，减少占用的存储空间，但是由于 PSD 格式文件所包含的图像数据较多，最终也比其他格式的文件要大得多。另外，由于 PSD 格式文件保留了原图像的所有数据信息，因此修改起来特别方便。

　　2. JPEG 格式

　　JPEG 格式用于压缩由多种颜色组成的图像文件，虽然保留了 RGB 图像中的颜色信息，但是却通过有选择地删除色彩数据的方式来压缩文件的大小。也就是说，它用有损压缩方式去除冗余的图像和色彩数据，在取得极高压缩率的同时能够展现丰富生动的图像，即用较少的磁盘空间得到较好的图像质量。

　　3. GIF 格式

　　GIF 格式使用的压缩方式会将图像文件压缩到极小，有利于图像文件在网络上的传输，通常用于显示 HTML 文档中的索引颜色图形和图像。

　　4. TIFF 格式

　　TIFF 格式是一种灵活的位图图像格式，几乎被所有的绘画类软件、图像编辑类软件所支持。但是它所支持的文件的大小限制在 4GB 以内，超过 4GB 的文件不能使用该格式存储。

　　5. PNG 格式

　　PNG 格式是一种新兴的网络图像格式，结合了 GIF 格式和 JPEG 格式的优点。它具有支持透明背景和消除锯齿边缘的功能，能够在不失真的情况下压缩并保存图像。

1.3.4　Photoshop CS6 中的常用概念

　　1. 图层

　　图层功能是 Photoshop 的核心功能之一。在实际绘画中，用户将一幅画的不同部分分别画在不同的透明纸上，当将多张透明纸叠放在一起时，就可以形成一幅完整的画面。图层相当于透明纸，在每一个图层上的图像都是独立的，用户在对某个图层上的图像进行编辑时，不会影响其他图层的内容，如图 1.26 所示，6 个图层，除背景层之外，其他每一个图层都只有一个环，组合在一起就构成了五环图。

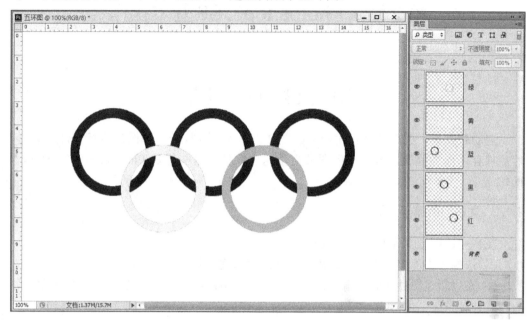

图 1.26　图层的概念

2. 选区

选区也是 Photoshop 极为重要的操作。当用户对图像的局部进行编辑修改时，需要借助于选区将其独立出来，并且只对选区内的图像进行操作，不会影响其他图像。因此，创建并熟练使用选区是学习 Photoshop 的基础，参见第 3 章。

第 2 章 Photoshop CS6 基本操作

2.1 文件的基本操作

启动软件后，用户可以新建一个图像文件，也可以打开一幅图像进行修改、编辑，然后保存所做的修改，最后关闭图像文件退出软件。这些都是 Photoshop CS6 的基本操作。

2.1.1 文件的新建与关闭

新建空白图像文件的具体步骤如下。

① 选择"文件"→"新建"命令，弹出"新建"对话框，如图 2.1 所示。

② 在"新建"对话框中输入新文件的名称、预设尺寸（自定义尺寸）、分辨率、颜色模式和背景等，如图 2.2 所示。

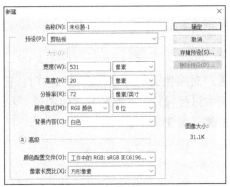

图 2.1 "新建"对话框　　　　　　　　　图 2.2 新文件参数设置

③ 单击"确定"按钮，在工作区会打开新文件窗口，如图 2.3 所示。

④ 直接单击窗口标题栏上的关闭 × 按钮（图 2.3），或者选择"文件"→"关闭"命令，关闭当前文件。

2.1.2 文件的打开与置入

1. 打开文件

1）使用菜单命令打开，步骤如下。

① 选择"文件"→"打开"命令，弹出"打开"对话框，如图 2.4 所示。

② 在"查找范围"中选择文件所在位置（文件夹）。

图 2.3　新文件窗口　　　　　　　　图 2.4　"打开"对话框

③ 单击查看 按钮，在列表中选择"缩略图"选项，使查找文件更加直观。

④ 在"文件类型"中选择文件格式，上方窗口中只显示所选文件格式的文件。

⑤ 在窗口中选择所需文件，单击"打开"按钮，即可在 Photoshop 中打开该文件。

2）在文件夹中直接打开，步骤如下。

① 打开文件所在文件夹。

② 选择所需文件，右击，在列表中选择"打开方式"→"Adobe Photoshop CS6"命令，即可在 Photoshop CS6 中打开文件。

2. 置入文件

置入文件是指将文件作为素材在另一个文件中打开。

① 选择"文件"→"置入"命令，弹出"置入"对话框，如图 2.5 所示。该对话框中各按钮的功能与"打开"对话框中各按钮的功能相同。

② 选择需要置入的文件，单击"置入"按钮，即可将该文件在另一个文件中打开，此时可以调整其大小，如图 2.6 所示。

图 2.5　"置入"对话框　　　　　　　图 2.6　置入文件

图 2.7　智能对象图层　图 2.8　转换为普通图层

③ 单击"确认"按钮或者按【Enter】键后，置入的文件即作为一个智能对象存在于新图层，如图 2.7 所示。

④ 在智能对象图层的空白区右击，选择"栅格化图层"选项，可以将其转换为普通图层，如图 2.8 所示。

2.1.3　文档的保存

图像文件完成编辑修改后，需要将其保存下来。在 Photoshop CS6 中有存储、存储为和存储为 Web 所用格式 3 种存储方式。

1. 存储

使用"存储"命令，都要替换原来文件的内容，因此可以用来保存对当前文件所做的修改。

2. 存储为

使用"存储为"命令，可以将对当前文件所做的修改保存为另一个文件，原文件保持不变。

注意：如果一个文件从来没有被保存过，那么在使用"存储"命令或"存储为"命令时，会弹出"存储为"对话框，如图 2.9 所示。对于保存过的文件，每次使用"存储"命令都会直接替换原文件的内容，而使用"存储为"命令就会再次弹出"存储为"对话框。

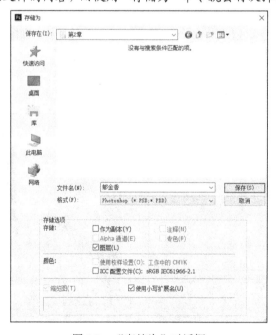

图 2.9　"存储为"对话框

在"存储为"对话框中，用户需要设置文件的保存位置、文件名称和文件格式。

3. 存储为 Web 所用格式

使用"存储为 Web 所用格式"命令，可以保存用于 Web 的优化图像，该功能在保持原稿质量的同时，会缩小文件的大小。选择"文件"→"存储为 Web 所用格式"命令，弹出"存储为 Web 所用格式"对话框，如图 2.10 所示，单击"存储"按钮，弹出"将优化结果存储为"对话框，如图 2.11 所示，依次设定保存位置、文件名和文件格式后，单击"保存"按钮，在弹出的提示框中单击"确定"按钮保存文件。

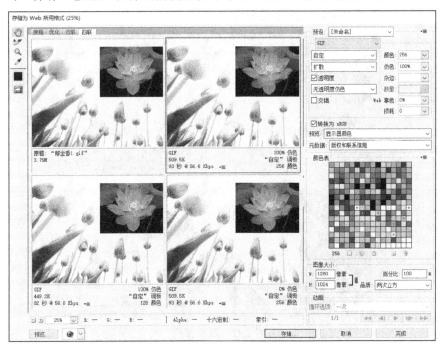

图 2.10　"存储为 Web 所用格式"对话框

图 2.11　"将优化结果存储为"对话框

2.1.4　辅助绘图工具

在创建和编辑图像时，为了精确地把握图像的尺寸和位置，用户可以借助标尺和参考线来确定某一个图像的具体位置。下面分别介绍它们的使用方法。

1. 标尺

标尺工具可以帮助用户精确控制图像的尺寸和位置。选择"视图"→"标尺"命令，或者按【Ctrl+R】组合键，即可在工作区打开标尺工具。在默认情况下，标尺显示在当前图像窗口的顶部和左侧，如图 2.12 所示。

图 2.12　显示标尺

在标尺上双击，或者选择"编辑"→"首选项"→"单位与标尺"命令，即可弹出"首选项"对话框，对标尺的属性进行设置，如图 2.13 所示。

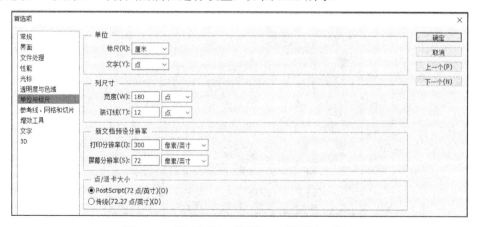

图 2.13　"首选项"对话框——设置标尺属性

　　在默认情况下，标尺的坐标原点在图像窗口的左上角（见图 2.12）。将鼠标指针指向坐标原点并拖动鼠标可以改变原点的位置，如图 2.14 所示。而双击标尺左上角的交叉点，即可将标尺的原点恢复到默认位置。

图 2.14　改变坐标原点位置

2. 参考线

　　参考线可以帮助用户精确地确定图像的位置。参考线是浮在整个图像窗口中的不能被打印的直线。用户可以创建、删除、移动和锁定参考线。

　　创建参考线的操作步骤如下。

　　① 选择"视图"→"新建参考线"命令，弹出"新建参考线"对话框，如图 2.15 所示。

　　② 在"取向"区勾选"水平"单选按钮，在"位置"文本框中输入定位数据，单击"确定"按钮，即可在图像上创建水平参考线，如图 2.16 所示。

图 2.15　"新建参考线"对话框　　　　　　　　　　图 2.16　水平参考线

③ 重复步骤①和步骤②可以创建多条参考线。

打开标尺后，使用移动工具，可以直接从水平标尺或垂直标尺上拖出参考线。

若需要移动参考线，则可以将鼠标指针指向参考线，当光标变成╪或╫时，拖动鼠标，即可移动参考线。

使用移动工具，在参考线上单击并拖动鼠标，将其拖离图像窗口，就可以将参考线删除；若想将所有参考线全部删除，则可以选择"视图"→"清除参考线"命令。

2.2　查　看　图　像

在使用 Photoshop 的过程中，经常要查看图像的全部或局部细节，因此需要调整视图方式和视图的大小，便于查看图像文件。

2.2.1　屏幕显示模式

在 Photoshop CS6 中有 3 种屏幕显示模式，即标准屏幕模式、带有菜单栏的全屏模式和全屏模式。调整屏幕显示模式的方法是：选择"视图"→"屏幕模式"命令，在"屏幕模式"列表中进行选择，如图 2.17 所示。

1. 标准屏幕模式

标准屏幕模式是 Photoshop CS6 的默认图像显示模式，包括所有组件，如图 2.18 所示。

图 2.17　屏幕模式

图 2.18　标准屏幕模式

2. 带有菜单栏的全屏模式

选择"带有菜单栏的全屏模式"选项时，图像的视图将增大，如图 2.19 所示。在这种屏幕显示模式下，允许用户使用抓手工具 在屏幕范围内移动图像，从而可以查看到图像的不同区域。

图 2.19　带有菜单栏的全屏模式

3. 全屏模式

选择"全屏模式"选项时，将以最大视图来显示图像，如图 2.20 所示。

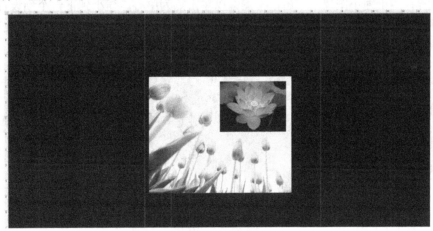

图 2.20　全屏模式

提示：按【F】键可以在 Photoshop CS6 的 3 种屏幕显示模式之间互相切换。

2.2.2　图像的缩放

在使用 Photoshop CS6 时，往往需要对图像区域进行放大或缩小。在工具箱中提供了缩放工具 、抓手工具 和旋转视图工具 ，用于对图像区域进行放大或缩小。另外，"窗口"菜单中的"导航器"面板也可以用于查看图像。

1. 使用缩放工具

打开图像文件后，选择缩放工具，选项栏同步显示，如图 2.21 所示。选项栏中的各项说明如下。

图 2.21　缩放工具选项栏

1）：用于放大图像。单击，将图像以单击点为中心，放大到下一个预设百分比，按住鼠标左键则动态放大图像，如图 2.22 所示；也可以使用【Ctrl+"+"】组合键以画布为中心放大图像。

（a）原始大小　　　　　（b）单击一次鼠标后放大效果　　　　（c）单击多次鼠标后放大效果

图 2.22　放大图像

2）：用于缩小图像。单击，将图像以单击点为中心，缩小到下一个预设百分比，按住鼠标左键则动态缩小图像，如图 2.23 所示；也可以使用【Ctrl+"-"】快捷键以画布为中心缩小图像。

  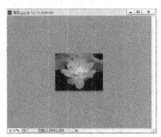

（a）原始大小　　　　　（b）单击一次鼠标后缩小效果　　　　（c）单击多次鼠标后缩小效果

图 2.23　缩小图像

提示：按【Alt】键可以快速切换放大与缩小功能。

3）调整窗口大小以满屏显示：勾选该选项复选框，当图像大小缩放时，窗口大小也随之缩放，如图 2.24 所示。

4）缩放所有窗口：勾选该选项复选框，可以缩放所有打开的图像文件。

5）细微缩放：勾选该选项复选框，左右移动鼠标可以缩放图像。

6）实际像素：单击"实际像素"按钮，按 100%的比例显示图像。

7）适合屏幕：单击"适合屏幕"按钮，根据 Photoshop 的画面大小显示图像。

（a）未使用该选项放大时，窗口尺寸不变　　　　（b）勾选该选项放大时，窗口随之放大

图 2.24　调整窗口大小以满屏显示

8）填充屏幕：单击"填充屏幕"按钮，缩放当前窗口以适合屏幕。

9）打印尺寸：单击"打印尺寸"按钮，将当前窗口缩放为打印分辨率。

2. 使用抓手工具

打开图像文件后，选择抓手工具，选项栏同步显示，如图 2.25 所示。当文件窗口不能显示整个图像时，可以在图像窗口单击并拖动鼠标，自由移动图像，以便查看图像。选项栏中的各项说明如下。

1）滚动所有窗口：勾选该选项复选框，使用抓手工具时，会滚动所有打开的图像窗口。

2）其他几个按钮的功能与缩放工具按钮的功能相同。

提示：在使用抓手工具的同时，按【Ctrl】键单击可以放大图像，按【Alt】键单击可以缩小图像。

3. 使用旋转视图工具

打开图像文件后，选择旋转视图工具，选项栏同步显示，如图 2.26 所示。在使用该工具的同时，按住鼠标左键并移动鼠标可以实现 360 度图像旋转。选项栏中的各项说明如下。

图 2.25　抓手工具选项栏　　　　　　　图 2.26　旋转视图工具选项栏

1）旋转角度：用于精确定义图像的旋转角度。

2）复位视图：单击"复位视图"按钮，将图像恢复到旋转前的状态。

3）旋转所有窗口：勾选该选项复选框，可以旋转所有打开的图像文件。

4. 使用"导航器"面板

Photoshop CS6 中的导航器可以帮助用户放大或缩小图像，也可以显示整幅图像，还可以确定当前窗口中显示的图像范围。操作步骤如下。

① 选择"窗口"→"导航器"命令，打开工作界面中的"导航器"面板，如图 2.27 所示。

② 若在"导航器"面板中向右拖动滑块，则红色边框变小，图像被放大，如图 2.28 所示。

图 2.27 "导航器"面板 　　　　　　　　　图 2.28 放大图像

③ 将鼠标指针移动到红色边框里面，指针形状变成🖑，此时拖动鼠标可以改变红色边框的位置；将鼠标指针移动到红色边框外面，指针形状变成🖑，此时单击"导航器"画板中红色框线改变位置，进而改变图像被放大的区域。

2.2.3 调整图像

1. 调整图像大小

在使用 Photoshop 处理图像的过程中，会遇到所用图像文件大小不合适的情况，这时就需要调整图像大小。选择"图像"→"图像大小"命令，弹出"图像大小"对话框，如图 2.29 所示。对话框中的选项说明如下。

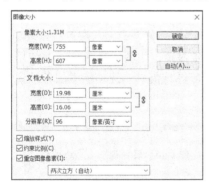

图 2.29 "图像大小"对话框

1）宽度与高度：用来设定图像尺寸。

2）自动：单击"自动"按钮，会弹出"自动分辨率"对话框。

3）缩放样式：勾选该选项复选框，在调整图像大小时按照比例缩放效果。

4）约束比例：勾选该选项复选框，图像的宽度与高度的比例将被固定。

5）重定图像像素：取消勾选后，图像的整体容量不变，自动调整图像大小和分辨率。

2. 调整画布大小

调整画布大小功能可以为现有的图像添加画布周围区域，也可以通过减少画布实现图像的裁剪。选择"图像"→"画布大小"命令，弹出"画布大小"对话框，如图 2.30 所示。对话框中的各项说明如下。

1）当前大小：显示图像的宽度、高度和图像文件的大小。

2）新建大小：在此区域可以设置、修改图像的宽度和高度。

3）相对：勾选该选项复选框，输入的数值是增加或减少的量。

4）定位：单击某一个方块，用于指示图像在新画布上的位置。

5）画布扩展颜色：用于设置扩展以后的那部分画布的颜色。

图 2.30　"画布大小"对话框

提示：当新画布小于原画布时，会弹出系统提示框，提示用户将对图像进行一些剪切，此时如果单击"继续"按钮，即可实现图像裁剪。

画布原图如图 2.31 所示，增加画布和减小画布的效果分别如图 2.32 和图 2.33 所示。

　　图 2.31　原图　　　　　　图 2.32　增加画布的效果　　　　　图 2.33　减小画布的效果

注意：调整画布大小与调整图像大小是有区别的。通俗来说，画布相当于画纸，图像相当于画纸上的画。调整画布大小就是改变画纸的大小，而调整图像大小则是改变画纸上的画的大小。

3. 旋转画布

旋转画布功能用于对图像进行旋转和翻转。选择"图像"→"旋转画布"命令，将图像旋转 180 度、逆时针旋转 90 度、顺时针旋转 90 度，水平翻转垂直翻转图像，以及任意角度旋转画布，上述几种旋转画布的效果分别如图 2.34～图 2.37 所示。

　　图 2.34　逆时针旋转 90 度　　　　　　图 2.35　顺时针旋转 90 度

图 2.36　水平翻转

图 2.37　垂直翻转

图 2.38　"旋转画布"对话框

选择"图像"→"图像旋转"命令，当选择"任意角度"选项旋转画布时，会弹出"旋转画布"对话框，如图 2.38 所示，若在"角度"文本框中输入"35"，选择方向（逆时针），则单击"确定"按钮就可以将画布逆时针旋转 35 度，如图 2.39 所示。

图 2.39　逆时针旋转 35 度

4. 裁剪图像

对图像进行裁剪时要选择工具箱中的裁剪工具▯，裁剪工具选项栏如图 2.40 所示。选项栏中的各项说明如下。

图 2.40　裁剪工具选项栏

1）<kbd>不受约束</kbd>：单击"不受约束"按钮打开列表，可以选择要裁剪图像常用的长宽比例。

2）<kbd>　　×　　</kbd>：自定义设置长宽比例。

3）○：旋转裁剪框。

4）拉直：在图像上画一条直线来拉直该图像。

5）视图：用于设置裁剪工具的视图选项。

6）●：用于设置其他裁剪选项。

7）删除裁剪的像素：勾选该选项复选框，可以删除裁剪框以外的像素；取消勾选，仍然会保留裁剪框以外的像素。

8）例如，用户要保留最左侧的荷花（见图2.31），操作步骤如下。

① 打开"Photoshop源文件与素材\第2章\盛开的花"文件（见图2.31）。

② 在工具箱中选择"裁剪"工具。

③ 在图像上拖动鼠标，开始裁剪，如图2.41所示。

④ 松开鼠标，确定图像裁剪后的尺寸，如图2.42所示。

⑤ 按【Enter】键，确认图像变换，裁剪结果如图2.43所示。

图 2.41　开始裁剪　　　　　　　图 2.42　确定裁剪尺寸　　　　　　　图 2.43　裁剪结果

在确认图像变换前，单击"拉直"按钮，在图像上拖动鼠标，可以创建图像旋转的角度，如图2.44所示；实现图像的旋转裁剪，如图2.45所示。

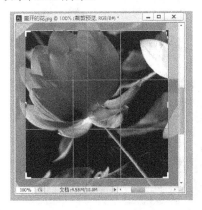

图 2.44　创建旋转角度　　　　　　　　　图 2.45　旋转裁剪图像

5. 透视裁剪图像

在 Photoshop CS6 中，新增了透视裁剪 工具，可以将具有透视效果的图像进行裁剪，也可以将画面拉伸并纠正错误的视角。

实例 2.1　将"工笔画"文件进行透视裁剪。

① 打开"Photoshop 源文件与素材\第 2 章\工笔画"文件，裁剪前原图如图 2.46 所示。

② 在工具箱中选择透视裁剪工具。

③ 在需要保留的图像上拖动鼠标，确定裁剪范围，如图 2.47 所示。

图 2.46　"工笔画"素材

图 2.47　拖动鼠标确定裁剪范围

④ 松开鼠标后，图像上会出现一张网格，即透视裁剪网格，如图 2.48 所示。

⑤ 用鼠标拖动网格四周的控点，调整网格大小，修改视角，如图 2.49 所示。

图 2.48　透视裁剪网格

图 2.49　调整大小及视角

⑥ 最后单击"√"按钮确认图像变换，透视裁剪结果如图 2.50 所示。

⑦ 选择"文件"→"存储为"命令，将文件保存在"Photoshop 图像处理案例教程\第 2 章"文件夹下，命名为"百年好荷"，保存为 PSD 格式。

图 2.50　透视裁剪结果

2.3　Photoshop CS6 的特殊功能

2.3.1　内容识别比例

内容识别比例是 Photoshop CS6 的一个非常实用的缩放比例功能，它能够在不改变主要内容的情况下缩放图像大小。

实例 2.2　应用内容识别比例，将"小青岛"文件进行缩放。

① 打开"Photoshop 源文件与素材\第 2 章\小青岛"文件。

② 复制"背景"图层，生成"背景 副本"层。

③ 选择"图像"→"画布大小"命令，弹出"画布大小"对话框，参数设置如图 2.51 所示。

④ 选择"编辑"→"内容识别比例"命令，工作区如图 2.52 所示。

⑤ 使用鼠标拖动画面右侧的控制柄，向右拖动控制柄放大图像，如图 2.53 所示；向左拖动控制柄缩小图像，如图 2.54 所示。

图 2.51　"画布大小"参数设置

图 2.52　进入内容识比例编辑状态

图 2.53　使用内容识别比例放大图像

图 2.54　使用内容识别比例缩小图像

⑥ 单击"√"按钮或者按【Enter】键，应用内容识别比例功能，实现图像变换。

⑦ 选择"文件"→"存储为"命令，将文件保存在"Photoshop 图像处理案例教程\第 2 章"文件夹下，命名为"灯塔"，文件保存类型为 PSD 格式。

在上述过程中发现，画面中的主体灯塔没有太大的改变，而作为背景的"小青岛"则正常缩放。

　　提示：当用户对人物素材应用内容识别比例功能时，可以单击"保护肤色"按钮，激活对人物肤色区域的保护。

2.3.2　全景接图

　　在 Photoshop CS6 中有两个常用的全景接图工具，即自动对齐图层工具和 Photomerge 工具。下面分别说明这两个工具的具体用法。

　　实例 2.3　使用全景接图功能，将多个图像文件合成为一个全景图。

　　方法 1：选择"编辑"→"自动对齐图层"命令。

　　① 打开"Photoshop 源文件与素材\第 2 章\全景接图"文件夹中的多个素材文件。

　　② 选择其中一个作为主文件，使用移动工具将其他素材导入主文件中，如图 2.55 所示。

图 2.55　多个素材导入主文件

　　③ 同时选中 3 个图层，选择"编辑"→"自动对齐图层"命令，弹出"自动对齐图层"对话框，如图 2.56 所示。

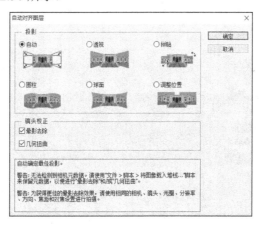

图 2.56　"自动对齐图层"对话框

④ 在"投影"区默认"自动"选项，单击"确定"按钮，等待软件自动进行图像的拼接。全景接图效果如图 2.57 所示。

图 2.57　全景接图效果

⑤ 选择"文件"→"存储为"命令，将文件保存在"Photoshop 图像处理案例教程\第 2 章"文件夹下，命名为"南湖"，文件保存类型为 PSD 格式。

用户需要注意的是，使用"自动对齐图层"工具完成的全景接图，会在整个画面上看到明显的拼接痕迹，因此后续还需要做大量的处理，才能得到一个满意的图像效果。

方法 2：选择"文件"→"自动"→Photomerge 命令。

① 打开"Photoshop 源文件与素材\第 2 章\全景接图"文件夹中的多个素材文件。

② 选择"文件"→"自动"→Photomerge 命令，弹出 Photomerge 对话框后，单击"添加打开的文件"按钮，结果如图 2.58 所示。

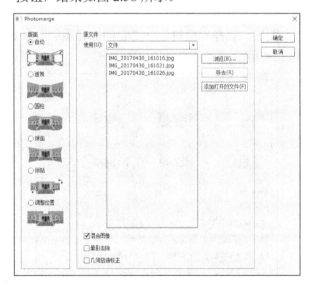

图 2.58　Photomerge 对话框

③ 在 Photomerge 对话框左侧"版面"列表中勾选"自动"单选按钮，单击"确定"按钮，等待软件自动进行图像的拼接，全景接图效果如图 2.59 所示。

图 2.59　全景接图效果

④ 使用裁剪工具对图像进行裁剪，或者使用修复工具对图像进行修补。即可得到需要的图像，裁剪后的效果如图 2.60 所示。

图 2.60　裁剪后的效果

⑤ 选择"文件"→"存储为"命令，将文件保存在"Photoshop 图像处理案例教程\第 2 章"文件夹下，命名为"美丽的南湖"，文件保存类型为 PSD 格式。

2.4　Photoshop CS6 的常用工具

2.4.1　颜色

在绘画之前，一定要先选择颜色，然后再使用绘画工具进行绘图。因此，掌握颜色的特性和设置颜色的方法就显得尤为重要了。

1. 颜色的属性

了解颜色的 3 个属性（色相、明度、饱和度），有助于用户使用 Photoshop 绘制图像和对图像进行色彩调整。这 3 个属性是界定色彩感官识别的基础，灵活应用 3 个属性变化是色彩设计的基础。

色相：颜色的相貌，用于区分颜色的种类。色相只与波长有关，根据光的不同波长，颜色具有红色、黄色或绿色等色相；黑白没有色相。

明度：根据物体表面反射光的程度不同，颜色的明暗程度就会不同，这种颜色的明暗程度称为明度。

饱和度：表示彩色相对于非彩色的差异程度。通俗来说，就是包含颜色的多少。

2. 设置颜色

（1）使用拾色器

单色设置就是设置前景色和背景色。通俗来说，若前景色是指绘画时画笔的颜色，则背景色是指画布的颜色。前景色一般用于绘画、填充和描边选区，而背景色则用于填充擦除或删除图像后的区域。

在工具箱底部有一个颜色设置工具 ▨，可以利用它进行前景色和背景色的设置。默认状态下，前景色为黑色，背景色为白色。单击切换前景色和背景色 ↰ 按钮或者按【X】键，可以切换前景色和背景色。单击默认前景色和背景色 ▣ 按钮或者按【D】键，可以恢复默认的前景色和背景色。在修改前景色或背景色时，只需单击相应的颜色区域，弹出"拾色器"对话框，在"拾色器"对话框中单击某一种颜色即可，如图 2.61 所示。

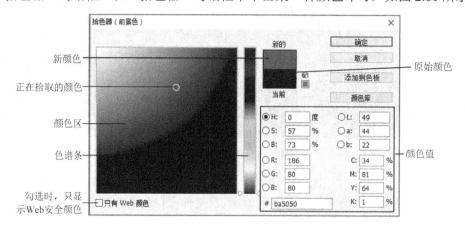

图 2.61　"拾色器"对话框

在"拾色器"对话框中，可以使用 4 种颜色模式来设置颜色。在拾取某一种颜色后，单击"添加到色板"按钮，弹出"色板名称"对话框，在"色板名称"对话框中输入颜色名称后，单击"确定"按钮，即可将其添加到色板中。单击"颜色库"按钮，弹出"颜色库"对话框，如图 2.62 所示。在"颜色库"对话框中单击"色库"下拉按钮，在颜色列表中选择色库名称，或者在颜色条中选择某一种颜色，在颜色列表中都会显示与其相对应的颜色，单击"确定"按钮就可以选择所需要的颜色。

<table>
<tr><td>色库名称</td><td colspan="2">颜色库</td><td></td><td>×</td></tr>
<tr><td></td><td>色库(B): TRUMATCH</td><td></td><td></td><td>确定</td></tr>
<tr><td></td><td>TRUMATCH 50-a4</td><td></td><td></td><td>取消</td></tr>
<tr><td></td><td>TRUMATCH 50-b4</td><td></td><td></td><td>拾色器(P)</td></tr>
<tr><td></td><td>TRUMATCH 50-c4</td><td></td><td></td><td>颜色条</td></tr>
<tr><td>颜色列表</td><td>TRUMATCH 50-d4</td><td></td><td>C: 65</td><td></td></tr>
<tr><td></td><td>TRUMATCH 50-e4</td><td></td><td>M: 90</td><td></td></tr>
<tr><td></td><td>TRUMATCH 50-a7</td><td></td><td>Y: 100</td><td></td></tr>
<tr><td></td><td>TRUMATCH 50-b7</td><td></td><td>K: 42</td><td></td></tr>
<tr><td></td><td>TRUMATCH 50-c7</td><td></td><td colspan="2">键入颜色名称以
从颜色列表中选择它。</td></tr>
</table>

图 2.62　"颜色库"对话框

（2）使用"色板"面板

Photoshop 为用户提供了色板面板，如图 2.63 所示。选择"窗口"→"色板"命令，可以将"色板"面板显示在工作区。色板由许多个颜色块组成，单击某一个颜色块可以快速选择该颜色。当鼠标移动到颜色块上时，鼠标指针会自动变成吸管形状，此时直接单击颜色块可以设置前景色，按住【Ctrl】键单击颜色块可以设置背景色。

色板中的颜色块都是预设好的，用户还可以根据需要向色板中添加颜色或者删除颜色。

在"色板"面板中直接将鼠标移动到空白处，鼠标指针变成油漆桶形状，如图 2.64 所示，此时单击鼠标会弹出"色板名称"对话框。在"色板名称"对话框中输入颜色名称后，单击"确定"按钮，将当前的前景色添加到色板面板中，添加的新颜色如图 2.65 所示。

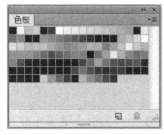

图 2.63　"色板"面板

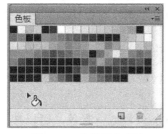

图 2.64　直接添加颜色

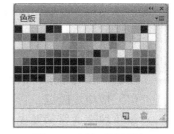

图 2.65　添加的新颜色

除此之外，单击"色板"面板上的创建前景色的新色板 按钮，或者单击面板菜单 按钮从列表中选择"新建色板"命令，都可以向色板中添加颜色。

当用户不需要某一种颜色时，可以按【Alt】键，将鼠标移动到要删除的颜色块上，当鼠标指针出现剪刀形状时单击，即可删除该颜色块；或者也可以直接将不需要的颜色块拖动到"删除"按钮上将其删除。

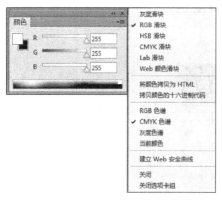

图 2.66　"颜色"面板及菜单

（3）使用颜色面板

颜色面板的使用，方法与色板面板的相似，如图 2.66 所示。

单击"颜色"面板的菜单![菜单按钮]按钮，打开下拉列表，如图 2.66 所示，从列表中可以选择不同的颜色模式和色谱。

在"颜色"面板上选择要修改的前景色或背景色区域并单击，然后在右侧拖动滑块或输入数值来改变颜色，或者直接在下方的色谱条上单击选择某一种颜色。

（4）使用吸管工具

选择吸管工具后，在需要取样的图像任意位置单击，可以吸取前景色；按住【Alt】键单击则可以吸取背景色。吸管工具选项栏，如图 2.67 所示。选项栏中的各项说明如下。

图 2.67　吸管工具选项栏

1）取样大小：单击"取样点"按钮，会看到 7 种选择颜色的方式，如"3×3 平均"表示在单击取样点处以 3 像素×3 像素范围内的平均颜色值作为选择的颜色。

2）样本：指定用于取样的图层，有 5 个选项，一般选择对所有图层取样。

3）显示取样环：勾选该选项复选框时，能够在当前的前景色上预览取样颜色的圆环，方便采集颜色。

2.4.2　填充

在 Photoshop 中，填充是指对被编辑的图像文件的整体或局部（选区）使用单色、多色或图案进行覆盖。使用填充工具，可以快速高效地实现这一功能。

1. 单色填充

单色填充通常是向指定的区域填充单一的颜色，它的方法很多，具体介绍如下。

（1）使用快捷键

单色填充通常需要先设置前景色或背景色，可以按【Alt+Delete】组合键填充前景色，按【Ctrl+Delete】组合键填充背景色。

（2）使用菜单命令

选择"编辑"→"填充"命令，打开"填充"对话框，如图 2.68 所示。在"使用"区单击下拉按钮，会打开填充列表，如图 2.69 所示，用户只需从列表中选择目标就能实现单色填充。如果使用默认的"颜色"选项，则可以在拾色器中选择颜色进行填充。

图 2.68　"填充"对话框

图 2.69　填充列表

（3）使用油漆桶工具

在工具箱中选择油漆桶工具，油漆桶工具选项栏如图 2.70 所示。选项栏中的各项说明如下。

图 2.70　油漆桶工具选项栏

1）前景：此处用于设置填充的内容，有两个选项，填充前景色和填充图案。

2）模式：用于设置填充内容与原图像的混合模式。

3）不透明度：用于设置填充内容的透明度。不透明度值越小，填充内容越透明。

4）容差：用于设置颜色的应用范围。容差数值越大，选择相似颜色的区域就越大。

5）消除锯齿：勾选该复选框，可以使擦除边缘平滑。

6）连续的：用于设定填充的区域是否连续。勾选该选项复选框，只填充相同颜色的邻近区域；取消勾选，会填充整个图像中所有与目标颜色相同的区域。

7）所有图层：默认状态下，该选项是关闭的；进行填充时，所有图层的透明区域将被全部填充。勾选该选项复选框进行填充时，则与图层的透明区域无关。

实例 2.4　使用油漆桶工具改变花的颜色。

① 打开素材"Photoshop 源文件与素材\第 2 章\花"文件，上色前如图 2.71 所示。

② 选择油漆桶工具，"模式"设置为叠加，"不透明度"设置为 100%，"容差"设置为 100%，勾选"消除锯齿"复选框，取消"连续的"勾选。

③ 设置前景色为"#do48dc"。

④ 使用鼠标在花的范围单击，每单击一次花的颜色都会加深，上色后效果如图 2.72 所示。

图 2.71　"花"素材上色前

图 2.72　上色后的效果

⑤ 选择"文件"→"存储为"命令，将文件保存在"Photoshop 图像处理案例教程\第 2 章"文件夹下，命名为"鲜艳的花"，文件保存类型为 PSD 格式。

2. 渐变色填充

渐变色是指多种颜色混合在一起，按照某种规律产生渐变的效果。使用渐变工具可以创建和编辑多种颜色的混合效果，通过在画布或选区内拖动鼠标，就能在画布或选区内填充渐变色。在工具箱中选择渐变工具█并设置选项栏，如图 2.73 所示。选项栏中的各项说明如下。

图 2.73　渐变填充工具选项栏

1）渐变编辑 ████ ▾：单击右侧的下拉按钮，可以打开系统内置的渐变色列表，如图 2.74 所示。除了可以使用系统提供的渐变色以外，用户还可以单击"可编辑渐变"按钮，弹出"渐变编辑器"对话框，如图 2.75 所示，亲自设计各种渐变色。

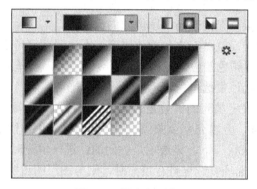

图 2.74　渐变色列表

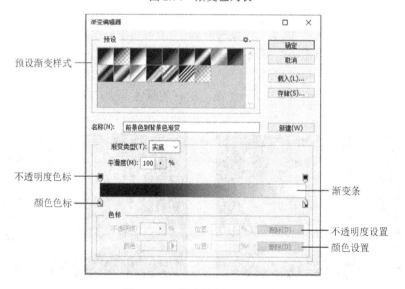

图 2.75　"渐变编辑器"对话框

2）渐变填充类型 ：不同渐变填充类型的渐变填充效果，如图 2.76 所示。从左到右，依次是线性渐变、径向渐变、角度渐变、对称渐变和菱形渐变。

（a）线性渐变　　　（b）径向渐变　　　（c）角度渐变　　　（d）对称渐变　　　（e）菱形渐变

图 2.76　各种渐变填充效果

3）模式：用于设置渐变填充与图像的混合模式。

4）不透明度：用于设置渐变色的不透明度。不透明度值越小，渐变色越透明。

5）反向：勾选该选项复选框时，可以将编辑的渐变色顺序反转过来。

6）仿色：勾选该选项复选框时，可以使渐变的各颜色之间产生平滑的过渡效果。

7）透明区域：该功能用于对透明渐变的编辑。勾选该选项复选框时，填充的渐变色会产生透明效果；若取消勾选，则填充的渐变色不会出现透明效果。

实例 2.5　创建实色渐变。

① 新建文件（500 像素×500 像素，分辨率为 72 像素/英寸，白色背景）。

② 选择工具箱中的渐变工具，在选项栏中渐变编辑下拉列表中单击"可编辑渐变"按钮，弹出"渐变编辑器"对话框（见图 2.75）。

③ 默认情况下，渐变类型为实底。在渐变条下方单击创建新色标，如图 2.77 所示。如果需要删除某一个颜色色标，只需使用鼠标拖动该色标离开"渐变编辑器"对话框即可。

④ 选择一个颜色色标，单击"颜色"按钮修改颜色，在"位置"文本框中输入具体的位置值（红：0%；黄：25%；蓝：50%；绿：75%；黑：100%），设置各颜色值及位置值如图 2.78 所示。

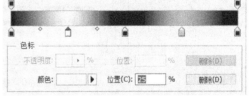

图 2.77　添加新的颜色色标　　　　　　　图 2.78　设置各颜色值及位置值

⑤ 单击"确定"按钮，选项栏中出现新的渐变色 ，选择一种渐变填充类型（线性渐变），在背景图层上自上而下拖动鼠标可以看到线性渐变填充效果，如图 2.79 所示。

⑥ 选择"文件"→"存储为"命令，将文件保存在"Photoshop 图像处理案例教程\第 2 章"文件夹下，命名为"多色线性渐变"，文件保存类型为 JPEG 格式。

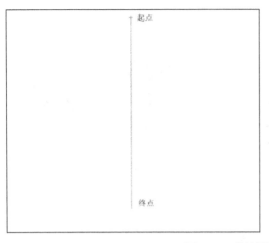

图 2-79　线性渐变填充效果

实例 2.6　创建杂色渐变。

① 新建文件（500 像素×500 像素，分辨率为 72 像素/英寸，白色背景）。

② 选择工具箱中的渐变工具，在选项栏中渐变编辑下拉列表中单击"可编辑渐变"按钮，弹出"渐变编辑器"对话框（见图 2.75）。

③ 修改渐变类型为"杂色"，此时"渐变编辑器"的其他选项也随之改变，如图 2.80 所示。

④ 设置"粗糙度"参数，用于确定渐变色的粗糙程度。粗糙的数值越大，图像越粗糙。不同粗糙度值杂色渐变时的对比效果，如图 2.81 所示。

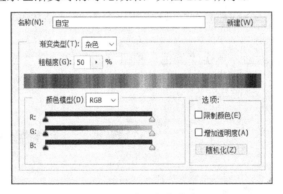

图 2.80　编辑杂色渐变

图 8.81　不同粗糙度值杂色渐变时的对比效果

⑤ 选择颜色模型，用于确定可用的颜色范围，并可以通过拖动滑块来调节。

⑥ 勾选"限制颜色"复选框，可以适当降低渐变色的饱和度。

⑦ 勾选"增加透明度"复选框，可以向渐变色中添加透明度色标。

⑧ 单击"随机化"按钮，可以随机产生渐变色的分布方式。

⑨ 杂色渐变参数设置如图 2.82 所示。使用线性渐变填充类型，自上而下杂色渐变填充效果。如图 2.83 所示。

⑩ 选择"文件"→"存储为"命令，将文件保存在"Photoshop 图像处理案例教程\第 2 章"文件夹下，命名为"杂色渐变"，文件保存类型为 JPEG 格式。

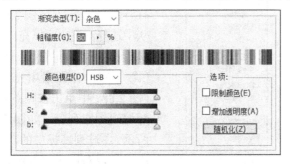

图 2.82　杂色渐变参数设置

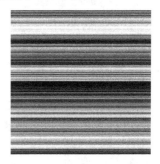

图 2.83　杂色渐变填充效果

实例 2.7　创建单色透明渐变。

① 新建文件（500 像素×500 像素，分辨率为 72 像素/英寸，白色背景）。

② 选择工具箱中的渐变工具，在选项栏中单击渐变编辑下拉按钮，弹出"渐变编辑器"对话框（见图 2.75）。

③ 默认情况下，渐变类型为"实底"，只在渐变条两端保留两个颜色一致的色标，如图 2.84 所示。

④ 在渐变条上方单击，创建 20 个不透明度色标，并且均匀分布，其中不透明度色标中的黑色表示不透明度为 100%，色带完全不透明；不透明色标中的白色表示不透明度为 0%，色带完全透明。透明渐变效果如图 2.85 所示。

图 2.84　确定颜色色标

图 2.85　透明渐变效果

⑤ 单击"确定"按钮，使用线性渐变填充类型，自左上角至右下角拖动鼠标，透明渐变填充效果如图 2.86 所示。

⑥ 选择"文件"→"存储为"命令，将文件保存在"Photoshop 图像处理案例教程\第 2 章"文件夹下，命名为"单色透明渐变"，文件保存类型为 JPEG 格式。

图 2.86　透明渐变填充效果

3. 图案填充

在填充图案时，可以使用"填充"命令，也可以使用油漆桶工具。

（1）使用菜单命令

单击"编辑"→"填充"命令，弹出"填充"对话框（见图 2.68）。在"使用"下拉列表中选择"图案"选项，弹出图案"填充"对话框如图 2.87 所示。单击"自定图案"

下拉按钮，打开图 2.88 所示的图案填充列表，用户可以从中选择所需图案进行填充。

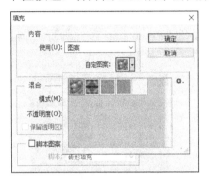

图 2.87　图案"填充"对话框

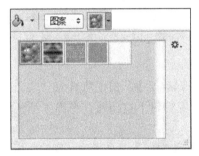

图 2.88　图案填充列表

图 2.89　编辑图案列表

（2）使用油漆桶工具

选择油漆桶工具，在选项栏上单击"图案"下拉按钮，打开图案填充列表（图 2.88），从中选择图案进行填充。

在图案填充对话框（图 2.87）或图案填充列表（图 2.88）中单击按钮✿，打开编辑图案列表，如图 2.89 所示。通过列表提供的功能，用户可以对图案进行新建、重命名、删除、改变显示方式、复位、载入、存储、替换等操作，也可以在列表下方选择一组图案进行追加。

实例 2.8　为新建文件填充笔记本纸的图案背景。

① 新建文件（800 像素×600 像素，分辨率为 72 像素/英寸，透明背景）。

② 选择工具箱中的油漆桶工具，在选项栏中选择"图案"选项。

③ 单击"图案"右侧按钮，如图 2.88 所示。

④ 单击✿按钮，在编辑图案列表（图 2.89）中选择"彩色纸"选项，弹出追加图案提示框，如图 2.90 所示。单击"追加"按钮，可以将彩色纸的图案添加到图案列表，追加图案后如图 2.91 所示。

图 2.90　追加图案提示框

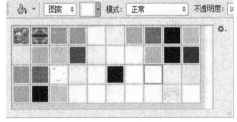

图 2.91　追加图案后

⑤ 打开透明背景画布（图 2.92），在图案列表中选择树叶图案纸选项，使用油漆桶工具，在画布上单击，即可实现图案填充，树叶图案纸背景的最终效果，如图 2.93 所示。

图 2.92 透明背景

图 2.93 树叶图案纸背景

⑥ 选择"文件"→"存储为"命令，将文件保存在"Photoshop 图像处理案例教程\第 2 章"文件夹下，命名为"树叶图案纸背景"，文件保存类型为 JPEG 格式。

2.4.3 清除

清除图像时使用的橡皮擦工具组包含 3 个工具，分别是橡皮擦工具、背景橡皮擦工具和魔术橡皮擦工具，使用它们可以更改图像的像素、有选择地擦除图像或者擦除相似的颜色。

1. 橡皮擦工具

使用橡皮擦工具可以擦除图像中的像素，被擦除的部分可以显示为透明效果或背景色。在工具箱中选择橡皮擦工具后，设置橡皮擦工具选项栏，如图 2.94 所示。选项栏中的各项说明如下。

图 2.94 橡皮擦工具选项栏

1）模式：可以选择橡皮擦的种类。选择"画笔"选项，可以创建柔边擦除效果；选择"铅笔"选项，可以创建硬边擦除效果；选择"块"选项，则擦除的效果为块状。

2）不透明度：用于设置橡皮擦工具的擦除强度。当不透明度的数值为 100%时，可以完全擦除像素；当不透明度的数值较低时，只能部分擦除像素。

3）流量：用于控制橡皮擦工具的涂抹速度。

4）抹到历史记录：勾选该选项复选框后，橡皮擦工具就具有与历史记录画笔工具类似的功能。

2. 背景橡皮擦工具

背景橡皮擦工具可以根据设置的背景色，将图像中相同的颜色擦除。它主要用于擦除图像的背景区域，被擦除的部分显示为透明效果。在工具箱中选择背景橡皮擦工具后，设置背景橡皮擦工具选项栏，如图 2.95 所示。选项栏中的各项说明如下。

图 2.95 背景橡皮擦工具选项栏

1）取样：用于设置取样方式。单击按钮，可以在擦除过程中连续采样，根据色样在图像中进行擦除；单击按钮，在抹除图像时，将第一次单击的颜色区域的颜色定义为色样，根据色样对图像进行擦除；单击按钮，可以根据背景色中设置的颜色对图像进行擦除。

2）限制：用于定义擦除的限制模式。选择"不连续"选项，可以擦除出现在光标下任何位置的样本颜色；选择"连续"选项，只擦除包含样本颜色并且互相连接的区域；选择"查找边缘"选项，可以擦除包含样板颜色的连续区域，同时还能保留形状边缘的锐化程度。

3）容差：用于设置颜色的容差范围。低容差仅限于擦除与样本颜色非常相似的区域，高容差可以擦除范围更广的颜色区域。

4）保护前景色：勾选该选项复选框后，可以防止擦除与前景色匹配的区域。

3. 魔术橡皮擦工具

使用魔术橡皮擦工具可以自动擦除当前图层中与选区颜色相近的像素。在工具箱中选择魔术橡皮擦工具后，设置魔术橡皮擦工具选项栏，如图 2.96 所示。选项栏中的各项说明如下。

图 2.96 魔术橡皮擦工具选项栏

1）消除锯齿：勾选该选项复选框，可以使擦除边缘平滑。

2）连续：勾选该选项，可以擦除与单击处相邻并且在容差范围内的颜色；取消该勾选，则可以擦除图像中所有在容差范围内的颜色。

3）不透明度：用于设置所要擦除图像区域的不透明度。不透明度数值越大，则图像被擦除得越彻底。

实例 2.9 使用清除工具处理图像，只保留两只丹顶鹤。

① 打开"Photoshop 源文件与素材\第 2 章\一群丹顶鹤"文件，如图 2.97 所示。

② 双击"背景"图层，将其解锁转换为普通图层。

③ 选择魔术橡皮擦工具选项，"容差"设置为 50，勾选"连续"复选框，擦除天空和草地后的效果，如图 2.98 所示。

图 2.97　"一群丹顶鹤"素材

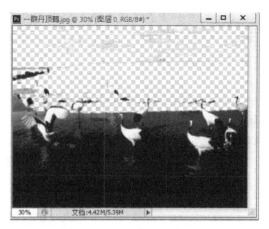
图 2.98　擦除天空和草地

④ 继续使用魔术橡皮擦工具，设置"容差"为 10，勾选"连续"复选框，擦除部分水面后的效果，如图 2.99 所示。

这个步骤要重复多次，特别是要保留丹顶鹤周围的水面直到得到想要的效果。容差值小是为了保护丹顶鹤的尾部。容差值可以不断调整，直到效果满意。

⑤ 选择橡皮擦工具，将"不透明度"和"流量"均设置为 100%，擦除不要的丹顶鹤和其他像素。

⑥ 选择"文件"→"存储为"命令，将文件保存在"Photoshop 图像处理案例教程\第 2 章"文件夹下，命名为"美丽的丹顶鹤"，文件保存类型为 PSD 格式，擦除的最终效果如图 2.100 所示。

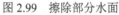
图 2.99　擦除部分水面

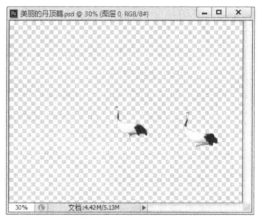
图 2.100　擦除的最终效果

2.4.4　绘画

Photoshop 中的绘画工具拥有强大的功能，可以帮助用户快速地绘制带有艺术效果的图像。使用画笔工具时，只需设置前景色、笔触大小、形状等参数，就可以直接使用鼠标在画布上绘图了。

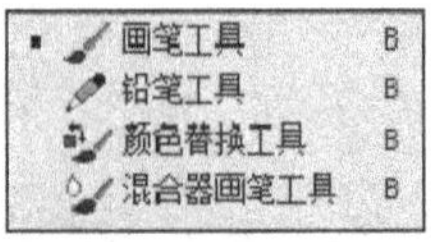

Photoshop 中的绘画工具主要包含画笔工具、铅笔工具、颜色替换工具和混合器画笔工具，画笔工具组如图 2.101 所示。

图 2.101　画笔工具组

1. 使用画笔工具

在实际绘画过程中，可能会用到许多支画笔才能完成一幅作品；而在 Photoshop 中使用画笔工具绘画，只需对画笔参数进行设置，就能得到许多不同的画笔效果。

选择画笔选项后，画笔工具选项栏如图 2.102 所示。选项栏中的各选项说明如下。

图 2.102　画笔工具选项栏

1）：单击该按钮，可以打开画笔预设选取器菜单，如图 2.103 所示。

① 大小：用于确定画笔笔触的大小，可以拖动滑块进行设置，也可以直接输入数值。

② 硬度：用于确定画笔笔尖的软硬度，控制画笔边缘的羽化程度，其数值越小，边缘越柔和。

③：单击该下拉按钮，可以打开"画笔调板"菜单，可以进行新建、复位、载入、存储画笔等操作。

④：单击该按钮，可以重新定义画笔名称。

列表框中的是预设画笔。

2）：单击该按钮，可以打开"画笔"面板，如图 2.105 所示。

3）模式：用于控制画笔工具对图像像素的影响方式。

4）不透明度：用于设置画笔的不透明度，其数值越小，绘制出的颜色越透明。

5）：单击该按钮时，始终对不透明度使用压力。

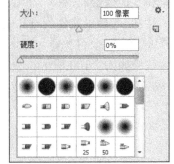

图 2.103　画笔预设选取器

6）流量：决定了画笔在绘画时颜料的浓度。流量的数值越大，画笔涂抹的颜料越多，画出的图案就会越浓。

7）：单击该按钮会启用喷枪模式。

8）：单击该按钮时，始终对大小使用压力。

2. 使用画笔面板

画笔面板是设置画笔效果的场所。可以选择"窗口"→"画笔"命令，或者按【F5】键，打开"画笔"面板，如图 2.104 所示。

单击"画笔预设"按钮，会看到 Photoshop 提供的多种预设画笔，如图 2.105 所示。

在"画笔"面板中，单击某选项切换到相应的参数设置区，用户可以一次定义包含一种效果的画笔，也可以一次定义包含多种效果的画笔。如果想要去掉某种效果，只需取消勾选该效果的标志即可。

图 2.104　"画笔"面板

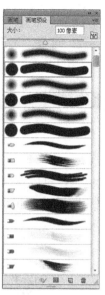

图 2.105　画笔预设

"画笔"面板中的各选项说明如下。

1）画笔笔尖形状：在列表中选择需要的笔触形状、大小和硬度，还可以同时设置画笔的翻转、角度和圆度等外观。以柔角画笔为例，默认参数和修改参数（硬度为 50%，距离为 150）的对比效果，如图 2.106 所示。

图 2.106　笔尖形状选项效果

2）形状动态：可以调整画笔的形态，包括抖动的大小及角度、椭圆度等。以柔角画笔为例，默认参数和修改参数（大小抖动为 70%）的对比效果，如图 2.107 所示。

图 2.107　形状动态选项效果

3）散布：可以设置画笔分布的数目和位置。在"画笔笔尖形状"列表中选择枫叶笔尖形状，沿用"形状动态"选项参数，默认参数和修改参数（两轴为 600%）的对比效果，如图 2.108 所示。

图 2.108　散布选项效果

4）纹理：可以将画笔和图案二者相结合，得到带有图案的笔触效果。沿用"形状动态"选项参数，选择"气泡"纹理选项，默认参数和修改参数（模式为"减去"）的对比效果如图 2.109 所示。

图 2.109　笔尖添加纹理效果

5）双重画笔：可以将不同的画笔合成，制作具有特殊效果的画笔。沿用"形状动态"选项参数，为画笔添加预设画笔"草"，模式为"颜色减淡"，双重画笔效果如图 2.110 所示。

图 2.110　双重画笔效果

6）颜色动态：可以调整画笔的颜色、明度和饱和度等。取消纹理和双重画笔效果选项，添加颜色动态，参数设置为前景/背景抖动 100%、色相抖动 50%、饱和度抖动 50%、亮度抖动 50%，纯度为 100%，前景色设置为红色，背景色设置为黄色。在画布上拖动鼠标，绘图效果如图 2.111 所示。

7）传递：可以控制画笔随机的不透明度，还可以设置画笔随机的颜色流量，从而绘制出自然的若隐若现的笔触效果，使画面更灵活。沿用"形状动态"选项参数，选择"传递"选项，参数设置为不透明度抖动 100%，流量抖动 100%，绘制效果如图 2.112 所示。

图 2.111　颜色动态应用效果　　　　　图 2.112　传递选项应用效果

8）杂色：可以在笔刷的边缘部分产生杂边，与笔刷的硬度有关，即硬度越小杂边效果越明显，而对于硬度大的笔刷没什么效果。选择"杂色"选项，效果分别如图 2.113 和图 2.114 所示。

9）湿边：使画笔的边缘颜色加深，看起来就像水彩笔一样。勾选该选项，湿边应用效果如图 2.115 所示。

图 2.113　硬度为 100%的应用杂色效果

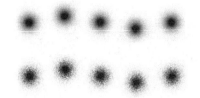

图 2.114　硬度为 0%的应用杂色效果

图 2.115　湿边应用效果

10）画笔笔势：应用该选项可以设置画笔的倾斜角度和旋转角度。

11）建立：应用该选项可以使用喷枪效果。

12）平滑：可以实现柔滑的画笔笔触，让鼠标在快速移动中也能绘制较为平滑的线段。

实例 2.10　设计云彩画笔并绘制云朵。

1）新建文件（500 像素×500 像素，分辨率为 120 像素/英寸，RGB 颜色模式、白色背景）。

2）分别设置前景色"#2477c3"和背景色"#81c1dc"。

3）应用线性渐变，在"渐变编辑器"中选择"前景色到背景色渐变"选项，对背景图层自上而下进行渐变填充，绘制天空背景，如图 2.116 所示。

4）按【Ctrl+Shift+N】组合键新建空白图层，命名为"云朵"，如图 2.117 所示。

图 2.116　渐变填充背景

图 2.117　新建云朵图层

5）选择画笔工具，打开"画笔"面板（见图 2.104）。画笔具体参数设置如下。
选择"画笔笔尖形状"选项，在列表中选择柔角画笔，大小为 100 像素，间距为 25%。
形状动态：设置大小抖动为 100%，最小直径为 20%，角度抖动为 20%。

图 2.118　云彩画笔

散布：勾选两轴 120%，数量为 5，数量抖动为 100%。

纹理：选择图案"云彩 128×128 灰度 缩放 100%"效果选项，模式为"颜色加深"，深度为 100%。

传递：不透明度抖动为 50%，流量抖动为 20%。

6）将前景色设为白色，在"云朵"图层上进行绘制，效果如图 2.118 所示。

7）选择"文件"→"存储为"命令，将文件保存在"Photoshop 图像处理案例教程\第 2 章"文件夹下，命名为"云朵"，文件保存类型为 PSD 格式。

实例 2.11　使用画笔绘制霓虹背景。

① 新建文件（600 像素×900 像素，分辨率为 120 像素/英寸，RGB 颜色模式，透明背景）。

② 将前景色设置为黑色，按【Alt+Delete】组合键将"图层 1"填充为黑色。

③ 按【Shift+Ctrl+N】组合键新建空白图层，默认名称为"图层 2"。

④ 将前景色修改为自己喜欢的颜色，选择画笔工具，使用柔角画笔，画笔笔尖大小自定义，在"图层 2"上随意绘制。

⑤ 重复步骤③和步骤④，效果如图 2.119 所示。

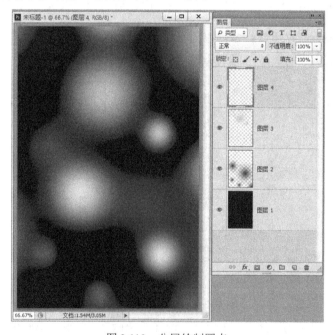

图 2.119　分层绘制圆点

⑥ 按【Shift+Ctrl+N】组合键新建空白图层，默认名称为"图层5"。

⑦ 打开"画笔"面板，设置参数如下。

- 画笔笔尖形状：星星，大小为100像素，间距为33%。
- 形状动态：大小抖动为100%。
- 散步：勾选两轴1000%，数量抖动为100%，控制选择"渐隐"，3。
- 颜色动态：前景/背景抖动为100%，色相抖动为50%，饱和度抖动为50%，亮度抖动为50%。
- 传递：流量抖动为100%。
- 勾选"湿边"和"平滑"复选框。

⑧ 用鼠标指针在"图层5"上随意绘制即可，修改混合模式为"变亮"，效果如图2.121所示。

⑨ 选择"文件"→"存储为"命令，将文件保存在"Photoshop 图像处理案例教程\第2章"文件夹下，命名为"霓虹背景"，文件保存类型为JPEG格式。

3. 使用铅笔工具

铅笔工具的功能类似于生活中常用到的铅笔，画出的线条比较硬，而且有棱角，调整参数的具体方法和使用方法与画笔工具相同。

实例2.12　制作舞台灯光。

① 新建文件（1000像素×600像素、分辨率为120像素/英寸、白色背景）。

② 将前景色设置为黑色，使用"油漆桶"工具或者按【Alt+Delete】组合键将背景填黑。

③ 按【Shift+Ctrl+N】组合键新建空白图层，默认名称为"图层1"，如图2.120所示。

④ 将前景色设置为紫色，背景色设置为黑色，选择渐变工具，使用"前景色到背景色渐变"进行径向填充，填充效果如图2.121所示。

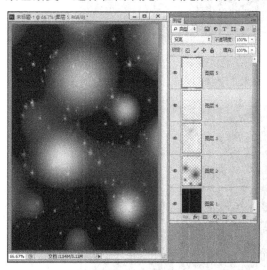

图 2.120　新建"图层 1"

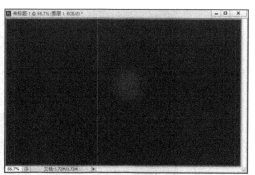

图 2.121　径向渐变填充效果

⑤ 按【Ctrl+J】组合键复制"图层 1"，生成"图层 1 副本"，"图层"面板如图 2.122 所示。

⑥ 选择"图层 1"，按【Ctrl+T】组合键，会出现变换定界框，在其上右击，打开列表，如图 2.123 所示。

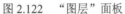

图 2.122 "图层"面板

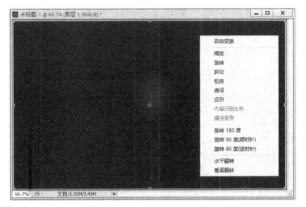

图 2.123 变换定界框

⑦ 从列表中选择"斜切"选项后，用鼠标指针拖动右上方控制点，制作光束的效果，如图 2.124 所示。

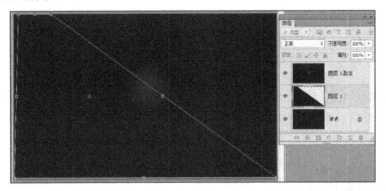

图 2.124 斜切 1

⑧ 重复步骤⑥和步骤⑦，将"图层 1 副本"进行变换，如图 2.125 所示。

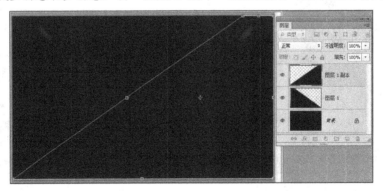

图 2.125 斜切 2

⑨ 调整"图层 1"和"图层 1 副本"的混合模式为"滤色",光束效果如图 2.126 所示。

图 2.126 光束效果

⑩ 新建文件（10 像素×10 像素，分辨率为 120 像素/英寸，透明背景）。

⑪ 修改前景色，注意颜色要与前面的紫色相近，但是不能相同。

⑫ 选择铅笔工具，使用柔边圆画笔，大小为 16 像素，在画布上单击，如图 2.127 所示。

⑬ 选择"编辑"→"定义图案"命令，将图案命名为"圆点"。

图 2.127 铅笔绘制圆点

⑭ 关闭当前文档，不用保存，返回"未标题-1"文档。

⑮ 选择"图层 1 副本"图层，按【Shift+Ctrl+N】组合键新建空白图层，默认名称为"图层 2"。

⑯ 在工具箱中选择油漆桶工具，使用"圆点"图案进行填充，效果如图 2.128 所示。

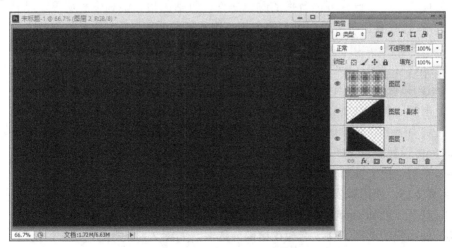

图 2.128 使用"圆点"图案填充

⑰ 修改"图层 2"的混合模式为"线性加深",最终效果如图 2.129 所示。

⑱ 选择"文件"→"存储为"命令,将文件保存在"Photoshop 图像处理案例教程\第 2 章"文件夹下,命名为"舞台灯光",文件保存类型为 PSD 格式。

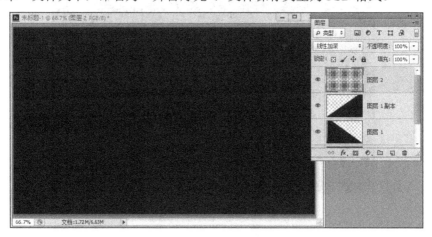

图 2.129　光束最终效果

注意:用户可以自行修改本例中光的颜色、光束的数量、填充图案的形状及混合模式等,会得到不同的舞台灯光。

4. 使用颜色替换工具

颜色替换工具可以用前景色替换图像中的颜色,如染发、更换衣服颜色等。

选择颜色替换工具后,打开选项栏,如图 2.130 所示。选项栏中各选项的说明如下。

图 2.130　颜色替换工具选项栏

1)模式:用于设置可以替换的颜色属性,包括色相、饱和度和明度。默认选项为"颜色",在进行替换时可以同时替换色相、饱和度和明度。

2)取样 ：用于设置颜色取样的方式。单击连续 按钮,在拖动鼠标时可以连续对颜色取样;单击一次按钮 ,只替换第一次单击时颜色区域中的颜色;单击背景色板 按钮,只替换包含当前背景色的区域。

3)限制:包含 3 个选项。选择"连续"选项时,可以替换与光标下颜色临近的颜色;选择"不连续"选项时,可以替换出现在光标下任何位置的颜色;选择"查找边缘"选项时,可以替换包含样本颜色的连接区域,同时会保留形状边缘的锐化程度。

4)容差:用于控制替换颜色的范围,其数值越大,其替换的颜色范围越大。

实例 2.13　使用替换颜色工具改变荷花的颜色。

① 打开"Photoshop 源文件与素材\第 2 章\荷花"文件,如图 2.131 所示。

② 使用快速选择工具,选择花瓣部分选区,如图 2.132 所示。

③ 选择颜色替换工具,修改选项栏参数,如图 2.133 所示。

图 2.131 "荷花"素材

图 2.132 花瓣选区

图 2.133 颜色替换参数设置

④ 修改前景色。本例设置为"# f40a99"。

⑤ 在选区内拖动鼠标指针,颜色替换效果如图 2.134 所示。

⑥ 选择"文件"→"存储为"命令,将文件保存在"Photoshop 图像处理案例教程\第 2 章"文件夹下,命名为"娇美的荷花",文件保存类型为 PSD 格式。

5. 使用混合器画笔工具

混合器画笔的神奇魔力可以让没有绘画基础的人也能画出漂亮的画来,它的主要作用是混合

图 2.134 替换颜色效果

像素,如混合画布上的颜色,组合画笔颜色,在描边过程中使用不同的绘画湿度等。混合器画笔有两个绘画色管,一个是储槽,另一个是拾取器。

选择混合器画笔工具,选项栏显示如图 2.135 所示。选项栏中各选项的说明如下。

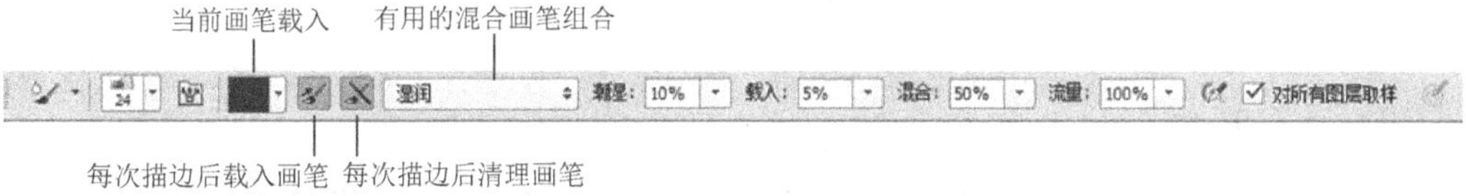

当前画笔载入   有用的混合画笔组合

每次描边后载入画笔 每次描边后清理画笔

图 2.135 混合器画笔工具选项栏

1)当前画笔载入:包含"载入画笔""清理画笔""只载入纯色"3 个选项。选择"载入画笔"选项时,可以拾取光标下方的图像;选择"清理画笔"选项时,可以清除画笔中的油彩;选择"只载入纯色"选项时,可以拾取图像中的单色。

2)每次描边后载入画笔:将光标下的颜色与前景色混合。

3)每次描边后清理画笔:清理画笔上的油彩。

4）有用的混合画笔组合：用于设置画笔组合效果，包含干燥、潮湿和湿润等。

5）潮湿：可以设置从画布上拾取的油彩量，数值越大，产生的画笔笔触越长。

6）载入：用来指定储槽中载入的油彩量，载入速率较低时，绘画描边干燥的速度会更快。

7）混合：用来控制画布油彩量与储槽油彩量的比例。数值为100%，所有油彩来自画布；数值为0%，所有油彩来自储槽。

8）对所有图层取样：勾选此复选框，拾取所有可见图层中的画布颜色。

实例 2.14　使用混合器画笔将数码照片转换成水粉画风格。

① 打开"Photoshop 源文件与素材\第 2 章\一群丹顶鹤"文件（见图 2.97）。

② 按【Ctrl+J】组合键复制"背景"图层，如图 2.136 所示。

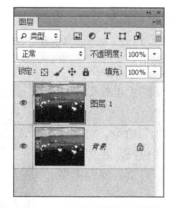

图 2.136　复制"背景"图层

③ 在工具箱中选择混合器画笔工具，单击切换画笔面板按钮，选择"画笔预设"面板，选择"圆角低硬度"画笔，大小自定义，其他参数如图 2.137 所示。

图 2.137　混合器画笔选项

④ 用鼠标指针在"图层 1"图层上反复涂抹，为了保证每次混合的颜色都取自画布，一定要选择"每次描边后清理画笔"选项，涂抹效果如图 2.138 所示。

⑤ 复制"背景"图层，使用擦除工具，编辑只有丹顶鹤的图层，并将其移动到"图层 1"之上，如图 2.139 所示。

⑥ 选择"文件"→"存储为"命令，将文件保存在"Photoshop 图像处理案例教程\第 2 章"文件夹下，命名为"丹顶鹤水粉画"，文件保存类型为 PSD 格式，最终效果如图 2.140 所示。如果修改"图层 1"的混合模式，也能得到其他的艺术效果，如图 2.141 所示。

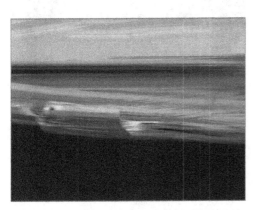

图 2.138 使用混合器画笔涂抹效果

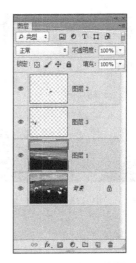

图 2.139 创建丹顶鹤图层

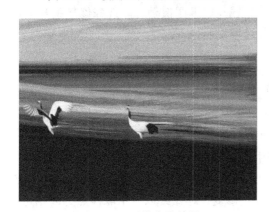

图 2.140 正常合成效果

图 2.141 "划分"模式合成效果

2.4.5 修复

修复工具常常用于修复图像中的杂色或污点。修复工具组包括污点修复画笔工具、修复画笔工具、修补工具、内容感知移动工具和红眼工具。

1. 污点修复画笔工具

污点修复画笔用于去除图像中的杂点，直接在要去除的地方单击就可以修复图像。Photoshop 能够自动分析鼠标单击处及其周围图像的不透明度、颜色和其他信息，进行自动采样和修复操作。

实例 2.15 去除人物面部的斑点。

① 打开 "Photoshop 源文件与素材\第 2 章\小女孩" 文件，如图 2.142 所示。

② 选择污点修复画笔工具，调整画笔笔尖大小为 15，让它正好能套在斑点上。

③ 在斑点上单击就可以去掉斑点，如图 2.143 所示。

图 2.142　"小女孩"素材（去斑前）　　　　　　图 2.143　去斑后

2. 修复画笔工具

修复画笔工具常用于修饰小部分图像。使用修复画笔时应先取样，然后将样本填充到要修复的区域，Photoshop 会自动将修复的区域与周围图像融合。选择修复画笔工具选项，选项栏如图 2.144 所示。选项栏中的各选项说明如下。

图 2.144　修复画笔工具选项栏

1）模式：用于指定修复图像的混合模式。

2）源：用来设置修复像素的源。勾选"取样"单选按钮时，直接从图像上取样，勾选"图案"单选按钮时，可以从图案列表中选择图案作为取样内容。

3）对齐：勾选该选项复选框，可以对像素进行连续取样，在修复过程中，取样点会随修复位置的移动而变化；若不选择此项，则修复过程始终以一个取样点为起始点。

4）样本：用来设置从哪个图层进行取样。当选择"当前和下方图层"时，从当前图层及其下方的可见图层中取样；当选择"当前图层"时，仅从当前图层中取样；选择"所有图层"时，要从所有可见图层中取样。

实例 2.16　使用修复工具去掉照片中的日期。

① 打开"Photoshop 源文件与素材\第 2 章\小男孩"文件。

② 选择修复画笔工具，按【Alt】键在日期所在区域周围单击获得取样点，如图 2.145 所示。

③ 在日期区域上拖动鼠标，就可以将日期去掉，如图 2.146 所示。

图 2.145　获得取样点　　　　　　　　　图 2.146　去掉日期

值得注意的是，在移动鼠标的过程中，取样点所在位置的"+"一直随鼠标指针的移动而移动。

3. 修补工具

修补工具是对修复工具的补充，以选区的形式来选择取样图像修补图像。它不但能修复图像，还能实现图像的复制。选择修补工具选项，选项栏如图 2.147 所示。选项栏中的各选项说明如下。

图 2.147　修补工具选项栏

1）修补：用来设置修补方式。勾选"源"单选按钮，相当于用当前图像替换之前选定的区域图像；勾选"目标"单选按钮，则用之前选定的区域图像复制到目标区域。

2）透明：用于设置所修复图像的透明度。

3）使用图案：允许使用图案来修复所选区域。

实例 2.17　使用修补工具，去掉地面上的易拉罐。

① 打开"Photoshop 源文件与素材\第 2 章\地面"文件，如图 2.148 所示。

② 选择修补工具，选择默认选项，用鼠标指针在图像上画出一个选区，如图 2.149 所示。

图 2.148　"地面"素材

图 2.149　绘制选区

③ 移动鼠标使指针到图像右侧，如图 2.150 所示，此时选区内的图像已经发生改变，继续调整指针位置，直到选区内的图像完全被替换，如图 2.151 所示。

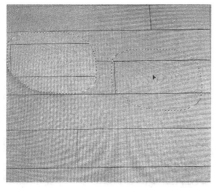

图 2.150　移动鼠标指针寻找修补的图样

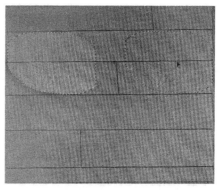

图 2.151　找到修补图样

④ 松开鼠标左键，系统进行修补，如图 2.152 所示，修补完成后的效果如图 2.153 所示。

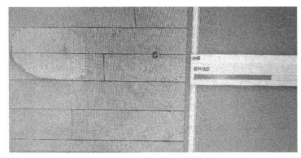

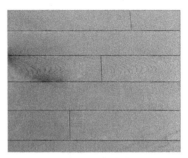

图 2.152　系统进行修补　　　　　　　　　　　图 2.153　修补效果

实例 2.18　使用修补功能，在天空中复制云朵。

① 打开"Photoshop 源文件与素材\第 2 章\天空"文件，如图 2.154 所示。

② 选择修补工具，勾选"目标"单选按钮，用鼠标指针在要复制的云朵上绘制一个选区，如图 2.155 所示。

图 2.154　"天空"素材　　　　　　　　　　　图 2.155　创建目标选区

③ 移动鼠标使指针到图像右侧空白天空处，如图 2.156 所示。

④ 松开鼠标左键实现云朵的复制，按【Ctrl+D】组合键取消选区，最终效果如图 2.157 所示。

图 2.156　移动鼠标到目的位置　　　　　　　　图 2.157　复制效果

4. 内容感知移动工具

内容感知移动工具是一个新增的功能，利用此工具可以将图像中选中的某个物体，移动或复制到图像中的任何其他位置，再经过 Photoshop 的计算，完成极其真实的 PS 合成效果。内容感知移动工具选项栏如图 2.158 所示。选项栏中的各选项说明如下。

图 2.158　内容感知移动工具选项栏

1）模式：这个工具的工作模式有两种，一种是感知移动功能，主要用来移动图片中的主体，并随意放置到合适的位置，移动后的空隙位置，PS 会智能修复；另一种是快速复制功能，选择想要复制的部分，移到其他需要的位置就可以实现复制，复制后的边缘会自动柔化处理，与周围环境融合。

2）适应：主要设置选择区域要保留的严格程度，包括非常严格、严格、适中、松散和非常松散。

实例 2.19　使用内容感知移动工具，移动和复制丹顶鹤。

① 打开"Photoshop 源文件与素材\第 2 章\两只丹顶鹤"文件，如图 2.159 所示。

② 选择内容感知移动工具，工作模式为"移动"，适应方式为"非常严格"。

③ 在图像上用鼠标指针选中一只丹顶鹤，如图 2.160 所示。

图 2.159　"两只丹顶鹤"素材

图 2.160　选中一只丹顶鹤

④ 移动鼠标使指针到其他位置，如图 2.161 所示。

⑤ 松开鼠标左键后，Photoshop 会自动进行计算，实现移动，按【Ctrl+D】组合键取消选区，效果如图 2.162 所示。

图 2.161　移动鼠标到目的位置

图 2.162　移动效果

⑥ 在步骤②中，如果把工作模式改为"扩展"时，复制效果如图 2.163 所示。

图 2.163　扩展效果

5. 红眼工具

红眼工具是一个专门用于修饰数码照片的工具，在 Photoshop CS6 中常用于去除人物照片中的红眼。选择红眼工具，选项栏如图 2.164 所示。选项栏中的各选项说明如下。

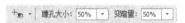

图 2.164　红眼工具选项栏

1）瞳孔大小：用来设置瞳孔的大小。

2）变暗量：用来设置瞳孔的暗度。

实例 2.20　去除照片中人物的红眼。

① 打开"Photoshop 源文件与素材\第 2 章\忧郁的眼神"文档，如图 2.165 所示。

② 选择红眼工具，设置瞳孔大小为 70%，变暗量为 20%，在两只眼睛的中心单击，效果如图 2.166 所示。

图 2.165　"忧郁的眼神"素材（红眼）

图 2.166　去红眼效果

2.4.6　图章

图章工具组可以实现复制图像，包括图案图章和仿制图章两个工具。

1. 图案图章

使用图案图章工具，可以用定义好的图案来覆盖已有图像。选择图案图章，选项栏如图 2.167 所示。选项栏中的各选项说明如下。

图 2.167　图案图章工具选项栏

1）模式：用来设置混合模式。

2）不透明度：用来设置应用图案时的不透明度。

3）流量：用来设置流动速率。

4）：单击启用喷枪效果。

5）：单击可打开图案拾色器，从中选择图案进行复制。

6）对齐：勾选该选项复选框，可以保持图案与原始起点的连续性；如果取消勾选，则每次单击都重新应用图案。

7）印象派效果：勾选该选项复选框，对绘画选取的图像产生模糊、朦胧化的印象派效果。

实例 2.21　为夜空添加星星。

① 新建文件（600 像素×400 像素，分辨率为 72 像素/英寸，透明背景）。

② 选择画笔工具，打开"画笔"面板，设计星星画笔，各选项参数如下。

- 画笔笔尖形状：选择 star 70，间距为 178%。
- 形状动态：大小抖动为 77%，最小直径为 53%，圆度抖动为 49%，最小圆度为 25%。
- 散布：两轴 450%，数量为 6，数量抖动为 66%，控制选择"渐隐"，3。
- 颜色动态：前景/背景抖动为 100%，色相抖动为 50%，饱和度抖动为 50%，亮度抖动 50%，纯度为 0%。
- 传递：各项均为 0%。

③ 设置前景色为亮黄色，背景色为白色，用画笔在画布上随意绘制，如图 2.168 所示。

图 2.168　手绘星星图案

④ 按【Ctrl+A】组合键选择画布，选择"编辑"→"定义图案"命令，弹出"图案名称"对话框，在"名称"文本框中输入"星星"，如图 2.169 所示。单击"确定"按钮，保存并关闭当前文档。

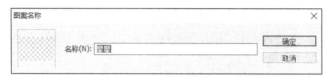

图 2.169　定义图案

⑤ 打开"Photoshop 源文件与素材\第 2 章\夜空"文件，如图 2.170 所示，按【Ctrl+Shift+N】组合键创建空白图层。

图 2.170　"夜空"素材

⑥ 选择图案图章工具，使用默认选项，在"图案拾色器"中选择新定义的星星图案，如图 2.171 所示。

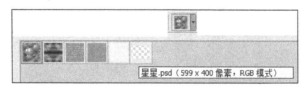

图 2.171　选择星星图案

⑦ 选择柔边圆画笔，大小为 500，在"图层 1"上拖动鼠标，绘制星星，效果如图 2.172 所示。

⑧ 选择"文件"→"存储为"命令，将文件保存在"Photoshop 图像处理案例教程\第 2 章"文件夹下，命名为"美丽的星空"，文件保存类型为 PSD 格式。

图 2.172　绘制星星

2. 仿制图章

使用仿制图章工具，可以直接从图像中获得取样，然后应用到其他图像或本图像的其他位置。选择仿制图章工具，选项栏如图 2.173 所示。

图 2.173　仿制图章工具选项栏

仿制图章工具的大部分选项与图案图章相同，在此不在赘述。

实例 2.22　使用仿制图章将一棵树变成多棵树。

① 打开 "Photoshop 源文件与素材\第 2 章\一棵树" 文件，如图 2.174 所示。"图层" 面板如图 2.175 所示。

② 选择 "图层 1"，在工具箱中选择仿制图章工具，设置笔尖大小为 150，按【Alt】 键，在树上单击，获得取样，此时鼠标指针对应画出的圈中会显示树的取样，如图 2.176 所示。

图 2.174　"一棵树" 素材　　　图 2.175　"图层" 面板　　　图 2.176　取样

③ 按【Ctrl+Shift+N】组合键新建 "图层 2"，移动鼠标使指针到目标位置，来回

拖动鼠标，直到树的全貌完全出现再松开鼠标左键，绘制另一棵树，如图 2.177 所示。重复步骤②和③，可以绘制多棵树，如图 2.178 所示。

④ 选择"文件"→"存储为"命令，将文件保存在"Photoshop 图像处理案例教程\第 2 章"文件夹下，命名为"树"，文件保存类型为 PSD 格式。

图 2.177　两棵树

图 2.178　三棵树

3. 使用仿制源面板

仿制源不是单独的工具，是配合修复工具和图章工具使用的。在"窗口"菜单下选择"仿制源"命令，或者在仿制图章工具的选项栏上单击切换仿制源面板 按钮，打开"仿制源"面板，如图 2.179 所示。勾选"显示叠加"复选框，可以直观地预览复制后的图像大小和位置。

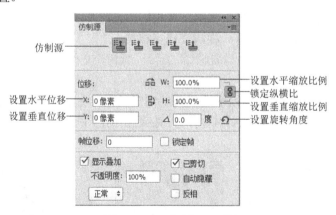
图 2.179　"仿制源"面板

实例 2.23　利用仿制源，使用仿制图章工具制作一排树。

① 打开"Photoshop 源文件与素材\第 2 章\一棵树.psd"文件（见图 2.174）。

② 在"图层"面板（见图 2.176）中选择"图层 1"，在工具箱中单击仿制图章工具，设置笔尖大小为 150，按【Alt】键，在树上单击，获得取样。

③ 打开"仿制源"面板，设置缩放比例为 120%，x 与 y 的值可以通过移动鼠标观察来确定，单击后会出现一棵放大的树，如图 2.180 所示。

④ 继续不断移动鼠标指针，绘制其他放大的树，图层和画面效果如图 2.181 所示。

⑤ 选择"文件"→"存储为"命令，将文件保存在"Photoshop 图像处理案例教程\第 2 章"文件夹下，命名为"一排树"，文件保存类型为 PSD 格式。

图 2.180　设置仿制源参数

图 2.181　一排树

第3章 选 区

3.1 什么是选区

创建选区是 Photoshop 中最基础、最常用，同时也是极为重要的操作。用户将图像中想要修改或利用的部分创建为选区，在修改或编辑的时候只对选区内的图像进行操作，不会影响其他部分。因此，熟练使用选区是学习 Photoshop 的基础。

3.2 基础选区工具

在 Photoshop CS6 的工具箱中提供了 3 个创建选区的工具组，分别是选框工具组、套索工具组和快速选择工具组。每个工具组中又包含多个创建选区的工具，用户可以根据不同的需要选择使用不同工具创建不同类型的选区。

3.2.1 选框工具组

选框工具组适合创建形状规则的选区，包含 4 个工具，如图 3.1 所示，用户直接使用鼠标拖动就能创建不同形状的选区。选区在 Photoshop 环境中显示为封闭的虚线，也被形象地称为蚂蚁线。

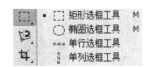

图 3.1 选框工具组

1. 矩形选框工具

矩形选框工具用于创建矩形选区。在图 3.1 所示的列表中选择矩形选框工具，打开的工具选项栏如图 3.2 所示。选项栏中的各选项说明如下。

图 3.2 矩形选框工具选项栏

1）当前工具 ：用于显示当前正在使用的工具。

2）选区运算 ：从左至右分别是新选区、添加到选区、从选区减去和与选区交叉 4 个按钮，下面通过图示分别加以说明。

- 新选区 按钮：可以在图像上创建一个新选区。如果图像中已有选区，则新选区会替代原选区。

- 添加到选区 按钮：新创建的选区会对原来的选区进行扩展，形成更大的新选区，如图 3.3 所示。

（a）原选区　　　　　　　　（b）创建新选区　　　　　　　　（c）添加到选区

图 3.3　添加到选区

- 从选区减去▣按钮：对原选区进行缩减，将新选区与原选区相交的部分去掉后形成缩小的选区，如图 3.4 所示。

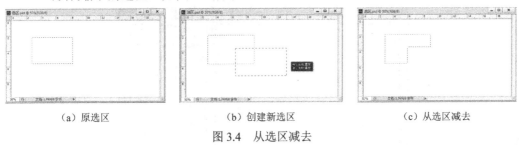

（a）原选区　　　　　　　　（b）创建新选区　　　　　　　　（c）从选区减去

图 3.4　从选区减去

- 与选区交叉▣按钮：新选区与原选区相交的部分会保留下来，形成选区，如图 3.5 所示。

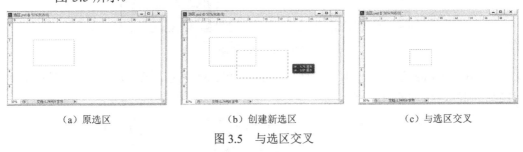

（a）原选区　　　　　　　　（b）创建新选区　　　　　　　　（c）与选区交叉

图 3.5　与选区交叉

3）羽化：羽化值会使选区边缘变得柔和。羽化值越大，边缘越柔和，填充颜色的边缘越朦胧，如图 3.6 所示。

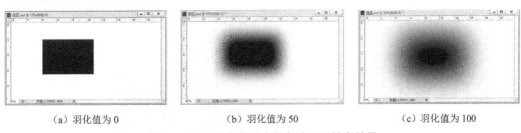

（a）羽化值为 0　　　　　　　（b）羽化值为 50　　　　　　　（c）羽化值为 100

图 3.6　不同羽化值对应的各选区及填充效果

4）样式：是创建选区的方法，包括正常、固定比例和固定大小三种样式。选择"正常"选项时，用户直接使用拖动鼠标的方法创建选区，大小和形状不受限制；选择"固定比例"选项时，可以输入长宽比，创建固定比例的选区；选择"固定大小"选项时，可以输入具体的高度和宽度值，创建大小固定的选区。

实例 3.1　使用矩形选框工具绘制液晶显示器。

① 新建文件（500 像素×500 像素，分辨率为 72 像素/英寸，白色背景）。

② 选择矩形选框工具，设置选项参数，如图 3.7 所示。

图 3.7　矩形选框工具参数设置

③ 按【Ctrl+Shift+N】组合键新建空白图层，拖动鼠标创建矩形选区，如图 3.8 所示。

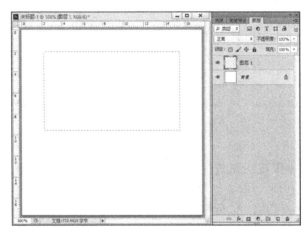

图 3.8　创建矩形选区

④ 单击添加到选区 按钮，修改选项参数，如图 3.9 所示，修改选项参数，拖动鼠标创建连接和底座，如图 3.10 所示。

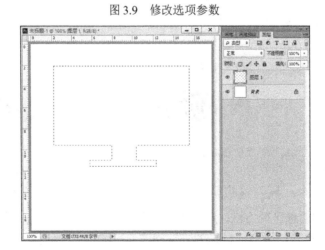

图 3.9　修改选项参数

图 3.10　绘制连接和底座

⑤ 单击从选区减去 按钮，修改后的参数选项如图 3.11 所示，绘制屏幕区域，如图 3.12 所示。

图 3.11　修改后的选项参数

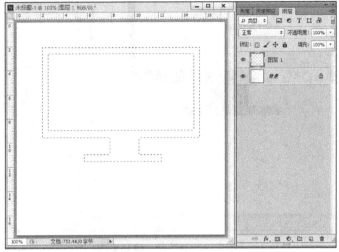

图 3.12　绘制屏幕区域

⑥ 修改前景色为黑色，按【Alt+Delete】组合键向选区填充前景色，如图 3.13 所示。

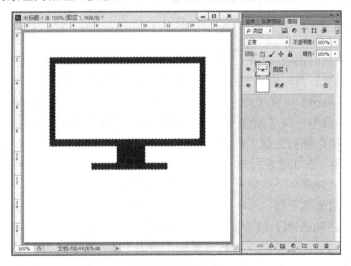

图 3.13　填充选区

⑦ 按【Ctrl+D】组合键，或者选择"选择"→"取消选择"命令，即可以取消选区。

⑧ 选择"文件"→"置入"命令，在弹出的"置入"对话框中选择一个图片后，单击"置入"按钮，图片就作为智能对象置入当前文档了，用鼠标拖动图片四周的控点，调整图片大小，最终效果如图 3.14 所示。

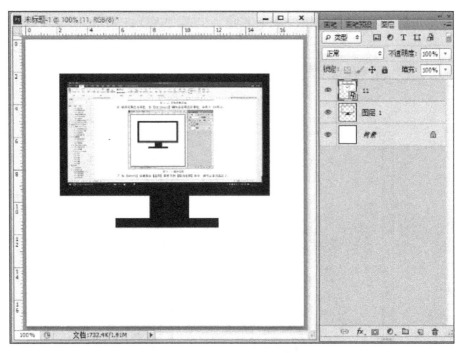

图 3.14　液晶显示器效果图

⑨ 选择"文件"→"存储为"命令，将文件保存在"Photoshop 图像处理案例教程\第 3 章"文件夹下，命名为"液晶显示器"，文件保存类型为 PSD 格式。

2. 椭圆选框工具

椭圆选框工具的用法与矩形选框工具基本相同，不同的是在选项栏上的"消除锯齿"复选框变为可用了。当勾选"消除锯齿"复选框后，选区边缘会更光滑。

提示：按【Shift】键使用矩形选框工具可以绘制正方形，按【Shift】键使用椭圆选框工具可以绘制圆形；按【Alt】键使用上述工具，可以创建从中心出发的选区。

实例 3.2　使用椭圆选框工具绘制电源按钮。

① 新建文件（500 像素×500 像素，分辨率为 72 像素/英寸，白色背景）。

② 在画布上创建水平和垂直两条参考线，交点位于画布中心。

③ 选择椭圆选框工具，选项参数为"新选区"，羽化值为 0。

④ 按【Ctrl+Shift+N】组合键新建空白图层。将鼠标指针指向参考线交点单击，按【Alt】键，再按【Shift】键的同时拖动鼠标，绘制正圆，如图 3.15 所示。

⑤ 单击从选区减去 按钮，仍然以参考线的交点为圆心，绘制正圆，创建圆环选区，如图 3.16 所示。

⑥ 将前景色置为黑色，按【Alt+Delete】组合键向选区填充前景色，如图 3.17 所示。

⑦ 重复步骤④，在工具箱中选择椭圆选项工具，在选项栏中单击新选区 按钮，在新图层上绘制一个正圆选区，然后对选区进行渐变填充，使用径向渐变（从里到外），效果如图 3.18 所示。

图 3.15　绘制正圆

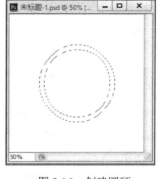

图 3.16　创建圆环

图 3.17　向圆环填充黑色

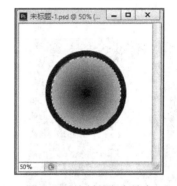

图 3.18　绘制并渐变填充

⑧ 按【Ctrl+Shift+N】组合键新建空白图层。在工具箱中选择矩形选框工具，在选项栏中单击新选区 □ 按钮，以参考线的交点为中心，绘制长方形，如图 3.19 所示。

⑨ 将前景色设置为黑色，按【Alt+Delete】组合键填充前景色，按【Ctrl+D】组合键取消选区，清除所有参考线，最终效果如图 3.20 所示。

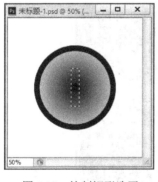

图 3.19　绘制矩形选区

图 3.20　电源按钮效果图

⑩ 选择"文件"→"存储为"命令，将文件保存在"Photoshop 图像处理案例教程\第 3 章"文件夹下，命名为"电源按钮"，文件保存类型为 PSD 格式。

3. 单行与单列选框工具

单行和单列选框工具只能创建宽度为 1 像素的选区，主要用来画线或者制作网格。

使用方法是在画布上单击，即可创建直线。

实例 3.3 使用单行和单列选框工具绘制网格。

① 新建文件（20 像素×20 像素，分辨率为 72 像素/英寸，白色背景）。

② 修改前景色为黑色，按【Alt+Delete】组合键将背景填充为黑色。选择"视图"→"标尺"命令，在工作区显示标尺。

③ 按【Ctrl+Shift+N】组合键新建空白图层。选择单行选框工具，单击添加到选区▣按钮，在 5 毫米处单击，创建水平直线，以 5 毫米为间距，继续单击，创建其他水平直线，如图 3.21 所示。

④ 选择单列选框工具，继续单击添加到选区▣按钮，也以 5 毫米为间距，创建垂直直线，如图 3.22 所示。

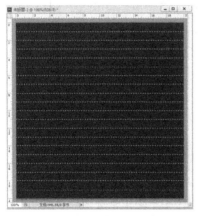
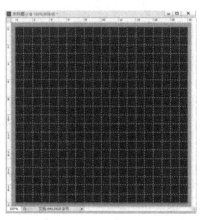

图 3.21　创建水平直线　　　　　　　图 3.22　创建垂直直线

⑤ 将前景色置为白色，按【Alt+Delete】组合键将选区填充为白色，取消选区后，最终效果如图 3.23 所示。

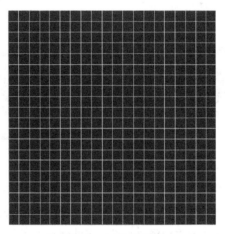

图 3.23　网格效果图

⑥ 选择"文件"→"存储为"命令，将文件保存在"Photoshop 图像处理案例教程\第 3 章"文件夹下，命名为"网格"，文件保存类型为 PSD 格式。

3.2.2　套索工具组

套索工具组包含的工具适合创建不规则选区,有套索工具、多边形套索和磁性套索工具,如图 3.24 所示。

図 3.24　套索工具组

1. 套索工具

选择套索工具后,按住鼠标左键在图像中拖动,松开鼠标左键后完成任意不规则选区的创建。值得注意的是,如果在结束时鼠标指针没有回到起点,松开鼠标左键时,Photoshop 会自动闭合选区;在松开鼠标左键前按【Esc】键,会取消之前的操作。

实例 3.4　使用套索工具绘制小花。

① 新建文件(500 像素×500 像素,分辨率为 72 像素/英寸,白色背景)。

② 按【Ctrl+Shift+N】组合键新建空白图层。选择套索工具,在选项栏中单击新选区 ▫ 按钮,在画布上绘制花朵的形状,再单击从选区中减去 ▣ 按钮,在花朵中心绘制小圆,如图 3.25 所示。

③ 修改前景色为"#ee09db",背景色为"#f3f60f",使用径向填充功能向选区内填充颜色,如图 3.26 所示。

图 3.25　绘制花朵轮廓　　　　　　　　图 3.26　给花朵填充颜色

④ 重复步骤②和③绘制其他花朵和叶片,最终效果如图 3.27 所示。

图 3.27　花朵效果图

⑤ 选择"文件"→"存储为"命令,将文件保存在"Photoshop 图像处理案例教

程\第 3 章"文件夹下，命名为"花朵"，保存文件类型为 PSD 格式。

提示： 由于绘制每个元素时都是新建的图层，当绘制出所有元素时，会发现各元素之间有相互遮挡的情况，这时可以使用移动工具，调整各元素所在的位置，以达到理想效果。

2. 多边形套索工具

使用多边形套索工具，可以创建边界为直线的多边形选区。在创建多边形选区的时候，按【Delete】键可以删除最后绘制的线段，如果连续按【Delete】键可以不断向前删除线段。在绘制线段的时候按【Shift】键，能绘制水平、垂直和 45°方向的线段。如果在绘制过程中双击，会在双击点和起点之前连接一条直线来闭合选区。

套索工具和多边形套索工具都是非常灵活的选区工具，运用这些工具可以快速地创建所需的不规则或多边形选区，方便选取及抠取图片中的实物。

实例 3.5　使用多边形套索工具绘制校徽。

① 新建文件（400 像素×300 像素，分辨率为 72 像素/英寸，白色背景）。

② 创建辅助参考线，如图 3.28 所示。

③ 按【Ctrl+Shift+N】组合键，创建空白图层。选择多边形选框工具，在选项栏中单击新选区■按钮，选择羽化值为 0，创建三角形选区，如图 3.29 所示。

④ 单击从选区中减去■按钮，继续绘制三角形选区，经过选区运算，创建人形选区如图 3.30 所示。

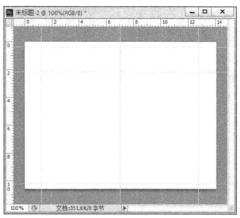

图 3.28　辅助参考线 1

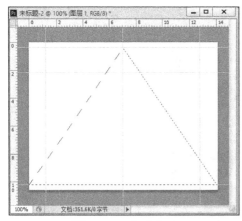

图 3.29　三角形选区

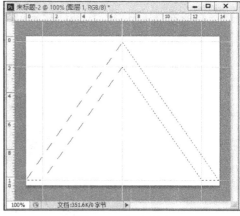

图 3.30　人形选区

⑤ 将前景色修改为蓝色，按【Alt+Delete】组合键将选区填充为蓝色，完成第 1 个图案的绘制，如图 3.31 所示。

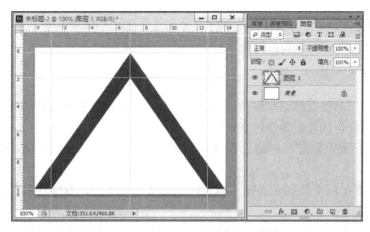

图 3.31　第 1 个图案

⑥　重新修改参考线位置，如图 3.32 所示，重复步骤③～⑤，完成第 2 个图案的绘制，如图 3.33 所示。

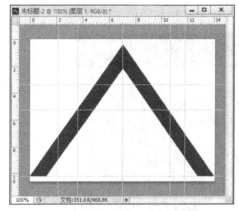

图 3.32　辅助参考线 2

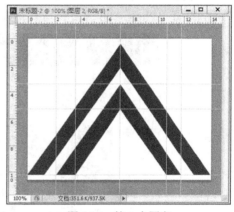

图 3.33　第 2 个图案

⑦　重新修改参考线位置，如图 3.34 所示，重复步骤⑥，完成第 3 个图案的绘制，如图 3.35 所示。

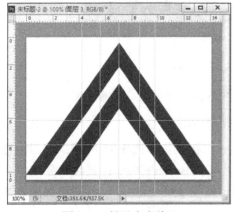

图 3.34　辅助参考线 3

图 3.35　第 3 个图案

⑧ 选择"文件"→"存储为"命令，将文件保存在"Photoshop 图像处理案例教程\第 3 章"文件夹下，命名为"校徽"，保存文件类型为 PSD 格式。

3. 磁性套索工具

磁性套索工具能自动识别图像的边界，适合选择背景复杂但边缘清晰的图像。使用该工具时，有几个选项要特别注意。

1）宽度：用于设置鼠标指针两侧的检测宽度，值越小，检测范围越小，选择越精确。

2）对比度：用于控制工具在选择时的敏感度，值越大，磁性套索对颜色反差的敏感度就越低。

3）频率：用于设置自动插入的锚点数，值越大，生成的锚点越多。

提示：使用磁性套索工具时，如果选区边缘清晰，可以设置较大的宽度和对比参数值；反之，就使用较小的参数值。

实例 3.6　使用磁性套索工具选择画面部分。

① 打开"Photoshop 源文件与素材\第 3 章\国画"文件，如图 3.36 所示。

图 3.36　"国画"素材

② 选择磁性套索工具，选项参数设置如图 3.37 所示。

图 3.37　磁性套索工具选项参数设置

③ 将鼠标指针移至左上角点单击，创建第一个锚点，如图 3.38 所示；然后慢慢移动鼠标，会发现沿图画边缘不断出现新的锚点，如图 3.39 所示；直到回到起点，当鼠标指针右下角出现圆圈时，表示可以封闭，如图 3.40 所示。单击创建选区，如图 3.41 所示。

图 3.38 起点

图 3.39 其他锚点

图 3.40 封闭

图 3.41 使用磁性套索工具创建的选区

④ 按【Ctrl+J】组合键，将选区内的图像创建为新的图层。

3.2.3 魔棒工具组

1. 魔棒工具

魔棒工具是根据颜色的饱和度、色度和亮度来制作选区，通过调整容差值来控制选区的范围。其中，容差是指允许差别的程度，在选择颜色相近的区域时，容差值越大，选择的范围就越大。在图像上单击，与单击点颜色相近的区域会被选中。

实例 3.7 使用魔棒工具选择牡丹花。

① 打开"Photoshop 源文件与素材\第 3 章\牡丹"文件，如图 3.42 所示。

图 3.42 "牡丹"素材

② 选择魔棒工具，打开工具选项栏，如图 3.43 所示。

图 3.43　魔棒工具选项栏

③ 使用鼠标在花朵区域多次单击，每次单击都不断扩大选区的范围，得到的选区如图 3.44 所示。

④ 单击从选区中减去 ▣ 按钮，设置"容差"为 30，在画面右侧的枝上单击，去掉不要的部分，最终效果如图 3.45 所示。

图 3.44　初始选区　　　　　　　　图 3.45　选区最终效果

④ 按【Ctrl+J】组合键，将选区内的图像创建为新的图层。

2. 快速选择工具

快速选择工具可以选择光标周围与光标范围内的颜色相似且连续的图像，因此光标的大小决定了选取范围的大小。使用该工具时，可以借助"["和"]"键放大和缩小光标，光标越大，选择越快；光标越小，选择越精确。

实例 3.8　使用快速选择工具选择画面中的花苞。

① 打开"Photoshop 源文件与素材\第 3 章\含苞待放"文件，选择快速选择工具，在选栏中项单击添加到选区 ▣ 按钮，设置画笔大小为 50。

② 在花苞部分拖动鼠标，会看到选区不断的增大，直到花苞选区创建，如图 3.46 所示。

③ 修改画笔大小为 20，再单击添加到选区 ▣ 按钮，开始选择下面的花瓣和花径，如图 3.47 所示。

④ 按【Ctrl+J】组合键将选区内的图像创建为新的图层。

注意： 在创建选区的过程中，不能保证一次性选择所需要的部分，如果选多了，需要修改选区运算方法为"从选区中减去"。

3.2.4　色彩范围

"色彩范围"命令可以借助图像中的颜色分布和变化关系来自动生成选区。它的工作原理类似于魔棒，但是比魔棒提供了更多的控制选项，使用起来更加灵活，创建选区的功能也更强大。

图 3.46 花苞选区

图 3.47 全部选区

打开"Photoshop 源文件与素材\第 3 章\含苞待放"文件，选择"选择"→"色彩范围"命令，弹出"色彩范围"对话框，如图 3.48 所示。其中的选项说明如下。

图 3.48 "色彩范围"对话框

1）选择：用来设置选区的创建方法。选择"取样颜色"选项时，可把光标放在工作窗口的图像上，或者在对话框的预览区单击，对颜色进行取样。

2）本地化颜色簇：勾选此选项的复选框，拖动范围滑块可以控制包含在蒙版中的颜色与取样的最大和最小距离。

3）颜色容差：用来控制颜色的选择范围，数值越大，选择的颜色范围就越大。

4）选区预览图：该选项包含两个选项，当勾选"选择范围"单选按钮时，在预览区中的白色表示被选中的区域；当勾选"图像"单选按钮时，预览区会显示彩色图像。

5）选区预览：用来设置选区的预览方式，默认是"无"，不会在工作窗口中显示选区；选择"灰度"选项时，可以以灰度图像方式在工作窗口显示选区，如图 3.49 所示；选择"黑色杂边"选项时，可以在非选区的图像上覆盖黑色，如图 3.50 所示；选择"白色杂边"选项时，可以在非选区的图像上覆盖白色，如图 3.51 所示；选择"快速蒙版"选项时，可以显示选区在快速蒙版状态下的效果，如图 3.52 所示。

图 3.49　灰度

图 3.50　黑色杂边

图 3.51　白色杂边

图 3.52　快速蒙版

6）存储：单击时可以将当前的设置保存为选区预设，用户可以根据需要多创建几个选区存储为预设，当下次需要时，不必重新创建选区，直接载入就可以了。

7）载入：单击时可将存储的选区预设载入当前文档。

8）：从左至右，依次是新取样、为添加颜色取样和为减去颜色取样。

9）反相：勾选该选项复选框，可以反转选区。

实例 3.9　使用"色彩范围"命令，选择素材文件中的草地。

① 打开"Photoshop 源文件与素材\第 3 章\碧草蓝天"文件，选择"选择"→"色彩范围"命令，弹出"彩色范围"对话框（见图 3.48）。

② 设置"容差"为 20，"范围"为 30%，单击新取样 按钮，在草地上单击，预览区如图 3.53 所示。

③ 再单击为添加颜色取样 按钮，继续在草地上单击，扩大草地选区范围，直到全部选中，如图 3.54 所示。

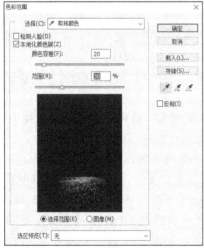
图 3.53　新取样

图 3.54　为添加颜色取样

④ 单击"确定"按钮，在工作窗口创建选区，如图 3.55 所示。

⑤ 按【Ctrl+J】组合键，将选区内的图像创建为新的图层。

图 3.55 草地选区

注意：在编辑图像时，如果需要对整幅图像进行调整，可以选择"选择"→"全部"命令，或者按【Ctrl+A】组合键选择全部图像。

3.2.5 扩大选取与选取相似

1. 扩大选取

"扩大选取"命令是基于魔棒的容差属性值来决定选区的扩展范围。使用时，先确定一小块选区，然后再选择"扩大选取"命令来选取相似的像素，扩大的范围是与原选区相邻且颜色相似的区域。

实例 3.10 使用扩大选取功能创建选区，实现图像合成。

① 打开"Photoshop 源文件与素材\第 3 章\枫叶"文件。

② 选择矩形选框工具或者椭圆选框工具，在枫叶图像的白色区域创建一个选区，如图 3.56 所示。

③ 选择"选择"→"扩大选取"命令，Photoshop 会自动将所有连续的白色区域创建为选区，如图 3.57 所示。

④ 打开"Photoshop 源文件与素材\第 3 章\丹顶鹤"文件。

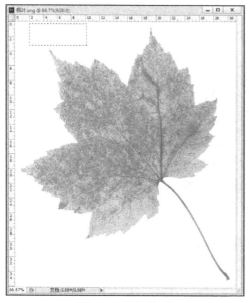

图 3.56　小块选区

图 3.57　扩大选区

⑤ 选择移动工具，将"枫叶"文件中的选区直接拖动至"丹顶鹤"文件中，放到合适位置，效果如图 3.58 所示。

图 3.58　移动选区实现图像合成

2. 选取相似

"选取相似"命令主要用来选择与选区内像素颜色相近的像素范围，适合在含有大面积实色的图像中创建选区，不适合复杂的图像。

实例 3.11   使用"选取相似"命令，选择含苞待放中的花苞部分。

① 打开"Photoshop 源文件与素材\第 3 章\含苞待放"文件。

② 选择魔棒工具，参数设置如图 3.59 所示。

图 3.59   魔棒工具参数设置

③ 在花苞上单击，创建的选区如图 3.60 所示。

④ 选择"选择"→"选取相似"命令，此时选区会扩大一些，如图 3.61 所示。

图 3.60   初始选区   图 3.61   第一次使用"选取相似"命令后的选区

⑤ 多次重复步骤④，会发现选区不断扩大，直到选择整个花苞为止，按【Ctrl+J】组合键，将选区内图像创建为新的图层。

3.3   编 辑 选 区

3.3.1   移动与复制选区

1. 移动选区

选择任意一种创建选区的工具，将鼠标指针停留在选区内，当指针呈 形状时，按鼠标左键并拖动鼠标就能移动选区。

如果用户要精确移动选区，可以使用键盘上的方向键，每按一次移动 1 个像素，如果同时按住【Shift】键，可以一次移动 10 个像素的距离。

2. 复制选区

对选区内容进行编辑时，为了不破坏原始素材，用户可以按【Ctrl+J】组合键将选区内的图像复制成新图层；或者选择"图层"→"新建"→"通过拷贝的图层"命令，将选区内的图像创建为新图层。

3. 取消选区

按【Ctrl+D】组合键可以取消选区，或者在选区以外的其他位置单击，也能取消当前选区。如果不取消选区，只是暂时隐藏选区，可以按【Ctrl+H】组合键。

3.3.2 扩展与收缩选区

1. 扩展选区

扩展选区主要是在保持选区形状的前提下，按设定的像素参数向外扩大选区。

2. 收缩选区

收缩选区与扩展选区正好相反，是在保持选区形状的前提下，按设定的像素参数向内收缩选区。

3.3.3 平滑与羽化选区

1. 平滑选区

平滑选区主要用于消除选区边缘的锯齿，使选区边缘连续而平滑。

2. 羽化选区

羽化选区的作用主要是柔化选区边缘，产生渐变的过渡效果，使图像内容或颜色填充不那么生硬。

3.3.4 边界化选区

边界化选区主要是为选区创建一条边界，使选区呈环形显示。选择该命令后，在弹出的对话框中设置像素参数，值越大，边界越宽。

3.3.5 变换选区

对于选区的编辑操作，除了上述几方面，还可以对选区进行变换。选择"选择"→"变换选区"命令，或者按【Ctrl+T】组合键，在选区的四周会出现 8 个控点（图 3.62 中的虚线方块），中间是旋转中心。将鼠标指针移动到控点上，当指针呈↕、↔、↗或↖形状时，按住左键拖动鼠标就可以修改选区的大小。如果同时按住【Shift】键，对选区进行的是锁定纵横比缩放；将鼠标指针移动到选区外，当指针呈↰形状时，按住鼠标左键拖动鼠标可以旋转选区；在选区内右击，可以在打开的快捷菜单中对选区进行其他变换。变换快捷菜单如图 3.63 所示。

实例 3.12　绘制奔驰车标。

① 新建文件（16 像素×16 像素，分辨率为 72 像素/英寸，白色背景）。

② 创建参考线，如图 3.64 所示。

③ 按【Ctrl+Shift+N】组合键，新建一空白图层。

④ 使用多边形套索工具，绘制等腰三角形选区，如图 3.65 所示。

图 3.62　变换编辑框

图 3.63　变换快捷菜单

图 3.64　创建参考线

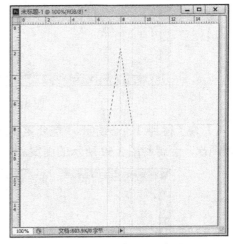

图 3.65　绘制三角形选区

⑤ 将前景色置为灰色，按【Alt+Delete】组合键为三角形选区填充颜色。

⑥ 选择"图层 1"图层，按【Ctrl+T】组合键对选区进行旋转变换，如图 3.66 所示。为了让图形以底边中点为旋转中心，要用鼠标指针将旋转中心移动到三角形底边中点，如图 3.67 所示。

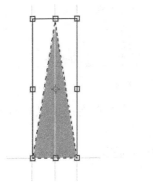

图 3.66　默认旋转中心在定界框正中

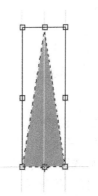

图 3.67　移动旋转中心至三角形底边中点

⑦ 将选项栏的角度设置为 120 度 ，单击 √ 按钮或按【Enter】键确认变换，如图 3.68 所示。

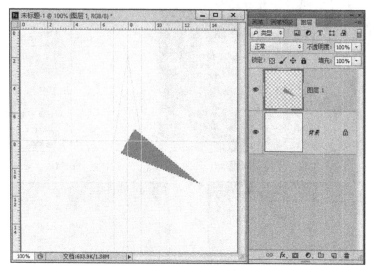

图 3.68　旋转 120 度

⑧ 为了得到 3 个三角形，需要重复步骤⑦的变换，此时按【Ctrl+Alt+Shift+T】组合键两次，会得到图 3.69 所示的图案。

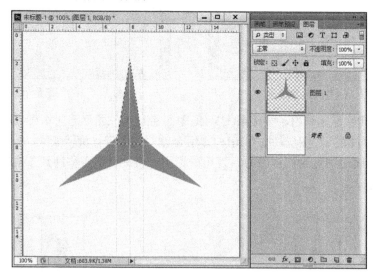

图 3.69　应用两次重复变换

⑨ 按【Ctrl+Shift+N】组合键新建一空白图层。在当前图层上以画布中心为圆心，使用椭圆选框工具绘制一个正圆，如图 3.70 所示。

⑩ 单击从选区中减去 按钮，继续以画布中心为圆心，绘制正圆选区，从而创建正好容纳三角标志的圆环图案，如图 3.71 所示。

⑪ 按【Alt+Delete】组合键为圆环选区填充灰色，按【Ctrl+D】组合键取消选区，

清除所有参考线，最终效果如图 3.72 所示。

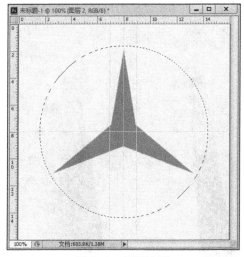

图 3.70　正圆选区

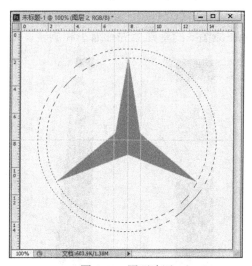

图 3.71　圆环选区

图 3.72　奔驰车标

⑫ 选择"文件"→"存储为"命令，将文件保存在"Photoshop 图像处理案例教程\第 3 章"文件夹下，命名为"奔驰车标"，文件保存类型为 PSD 格式。

实例 3.13　使用再次变换功能绘制特殊图案。

① 新建文件（500 像素×500 像素，分辨率为 72 像素/英寸，白色背景）。

② 按【Ctrl+Shift+N】组合键新建一空白图层。

③ 使用矩形选框工具，在"图层 1"上创建矩形选区，并为其填充渐变色（颜色自选），如图 3.73 所示。

④ 按【Ctrl+T】组合键打开变换框，右击，在列表中选择斜切，使用鼠标指针移动控点，将矩形调整为四边形，如图 3.74 所示，单击√按钮或按【Enter】键确认变换。

⑤ 按【Ctrl+T】组合键再次打开变换框，先缩小当前图案，然后将旋转中心移动到

左下角，再旋转一定的角度，如图 3.75 所示，单击 √ 按钮或按【Enter】键确认变换。

⑥ 按【Ctrl+Alt+Shift+T】组合键进行再次变换，此时会发现每按一次组合键，都会在原图案的基础上进行缩小和旋转，如图 3.76 所示。

图 3.73　矩形图案　　图 3.74　四边形图案　　图 3.75　缩小和旋转后　　图 3.76　多次再次变换

⑦ 选择"文件"→"存储为"命令，将文件保存在"Photoshop 图像处理案例教程\第 3 章"文件夹下，命名为"特殊图案"，保存文件类型为 PSD 格式。

提示：在上面两个实例中，都是对选区进行的再次变换，因此生成的新图案与原图案共在一个图层上。如果取消选区，就是对当前图层进行的再次变换，会发现每执行一次再次变换，都会产生一个新图层，在新图层上会创建一个经过变换后的图案。另外，通过上述两个实例可知，再次变换的功能，既可以重复一个变换动作，也可以重复多个连续的变换动作。

3.3.6　存储与载入选区

1. 存储选区

选区创建后，为防止误操作造成选区丢失，或者后续操作会用到当前选区，用户可以将该选区保存起来。选择"选择"→"存储选区"命令，弹出"存储选区"对话框，如图 3.77 所示，在"名称"文本框中输入选区的名称，单击"确定"按钮即可。

图 3.77　存储选区

2. 载入选区

对于曾经存储过的选区，可以选择"选择"→"载入选区"命令，选择选区名称后，单击"确定"按钮就可以在工作区再次显示选区进行其他操作。

除此之外，还可快速将图层内容载入选区，方法是按【Ctrl】键，单击要载入的图层缩览图。

第 4 章 图 层

图层是 Photoshop 功能强大的编辑工具之一，在前面章节的实例中，已经涉及了图层的应用，可以说应用图层功能是使用 Photoshop 必不可少的步骤。本章将详细地介绍图层的概念和具体应用。

4.1 什么是图层

在 Photoshop 中的所有图像都是基于图层的，图层反映了图像的层次，可以把一幅作品分解成若干个元素，每个元素放在一个图层单独管理（见图 1.26）。简单地说，图层相当于透明纸，在每张透明纸上绘制不同的图像，许多张透明纸叠放在一起，通过上层的透明区域能看到下层的图像，最终通过叠加就得到了一幅完整的作品。

用户在使用图层功能的时候，要特别注意图层具备的 3 个特性。

1. 透明性

透明性是图层的基本性质，利用透明性在上层图像的透明区域能够看到下层的图像内容，如图 4.1 所示。

图 4.1　图层的透明性

2. 分层性

分层性可以方便用户在处理位于某图层的图像时，不会影响其他图层的图像。例如，要将图层 1 中的摩天轮缩小，只需选择图层 1 进行变换就可以了。

3. 合成性

合成性是指对图层使用混合模式和控制选项，从而得到艺术效果的特性。最常用的是调整图层的不透明度。

4.2 图层的类型

在 Photoshop 中可以创建多种类型的图层，它们有各自的功能和用途，显示在图层面板中的形态也各不相同，如图 4.2 所示。各图层的说明如下。

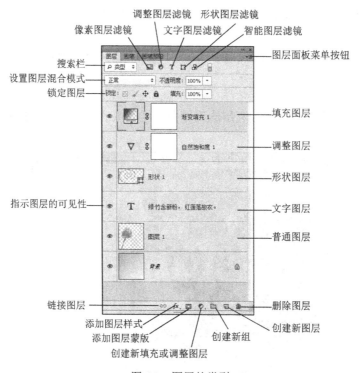

图 4.2 图层的类型

1）背景图层：新建文件时自动创建，始终位于图层面板的最底层，名称为"背景"。

2）普通图层：是 Photoshop 中最基本的图层，用户在创建或者编辑图像时，新建的图层都是普通图层，如图 4.2 中的"图层 1"。普通图层的名称用户可以根据图层内容自定义，操作方法请参看后续章节的详细介绍。

3）文字图层：使用文字工具输入文字时创建的图层，如图 4.2 中的"绿竹含新粉，红莲落故衣"。通常文字图层的名称就是输入的文字内容，无需重新定义。

4）形状图层：使用形状工具在画布上绘制形状后生成的图层，如图4.2中的"形状1"。其名称可以重新定义。

5）调整图层：调整图层是对图像进行色调调整，不会修改图像中的其他像素，也就是说色调的更改只位于调整图层内，就像一层透明薄膜，其下层的图像及调整效果可以通过调整图层显示出来，如图4.2中的"自然饱和度1"，有无该图层的对比效果如图4.3和图4.4所示。

图4.3　不应用调整图层，颜色暗淡　　　　　图4.4　应用调整图层，颜色鲜艳

6）填充图层：为了制作特殊效果，在原有图层的基础上新建的一个图层，在这个图层上可以填充纯色、渐变色和图案，借助于混合模式和不透明度等，使整个图像产生特殊的效果，如图4.5所示。

图4.5　应用填充图层

除上述介绍的图层类型外，还有智能对象图层、链接图层、蒙版图层等。实例 3.1 中显示在显示器上的画面，既图3.14中的图层"11"就是一个智能对象图层。

4.3 图层面板与图层菜单

1. 图层面板

图层面板是管理图层的主要场所，对图层的大部分操作可以通过图层面板实现。选择"窗口"→"图层"命令，或者按【F7】键打开"图层"面板，如图 4.6 所示。各选项说明如下。

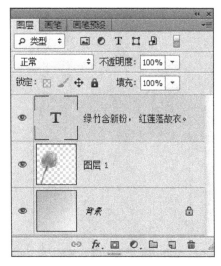

图 4.6 "图层"面板

1）正常：用于调整图层的混合模式，其含义是一个图层中的像素与下方图层中像素的叠加方式默认是"正常"，当采用其他模式时，会产生不同的艺术效果。

2）不透明度：用来设置图层的不透明度，可以直接输入数值，也可以拖动鼠标来调整。

3）填充：用来设置图层填充的不透明度。

4）锁定：其后有 4 个按钮，分别可以锁定当前图层的透明像素、图像像素、位置和全部内容。

5）：用于控制图层的显示与隐藏。

6）图层缩览图：位于之后，是图层中图像的缩小图，方便用户查看。

7）图层名称：用于为图层命名，双击文字可以为图层改名，方便用户识别。

8）当前图层：在 Photoshop 中，可以一次选择一个或多个图层，被选中的图层以蓝底显示。

9）：用于将多个图层链接到一起，同时进行编辑。

10）：为选中的图层添加图层样式。

11）：为选中的图层添加图层蒙版。

12）：单击该按钮，可以创建填充图层或调整图层。

13）：为了方便对图层进行管理，可以创建图层组。

14）：用于创建新图层。

15）：用于删除选中的图层。

16）图层面板菜单按钮，位于图层面板的右上角，单击它可以打开"图层"面板控制菜单，从中选择与图层有关的操作，如图 4.7 所示。

在 Photoshop CS6 的"图层"面板上，有一个搜索栏，如图 4.8 所示。其中包含的各按钮功能如下。

1）类型：单击类型按钮，打开下拉列表，用户可以根据需要按名称、效果、模式、属性和颜色快速找到对应的图层，如图 4.9 所示。例如，在列表中选择"名称"选项，此栏变成图 4.10 所示的外观，用户可以输入图层名称来快速定位图层。

2）：像素图层滤镜，单击该按钮，"图层"面板只显示背景图层和普通图层。

3）：调整图层滤镜，单击该按钮，"图层"面板只显示应用调整图层的图层，没有应用调整图层的图层均隐藏。

图 4.7 "图层"面板控制菜单

图 4.8 "图层"面板搜索栏

图 4.9 搜索选项列表

图 4.10 按名称搜索

4）**T**：文字图层滤镜，单击该按钮，"图层"面板只显示文字图层，如果没有文字层，会显示空白。

5）**口**：形状图层滤镜，单击该按钮，"图层"面板只显示形状图层，如果没有形状图层，会显示空白。

6）**品**：智能对象滤镜，单击该按钮，"图层"面板只显示智能对象图层，如果没有智能对象图层，会显示空白。

7）**品**：开关，用于控制该搜索栏是否工作。

2. "图层"菜单

"图层"菜单中的命令可以实现对图层的大多数编辑，如新建、合并、删除等操作如图 4.11 所示，这些命令也可在"图层"面板中找到。本章及后续章节将对其中的大部分命令进行讲解。

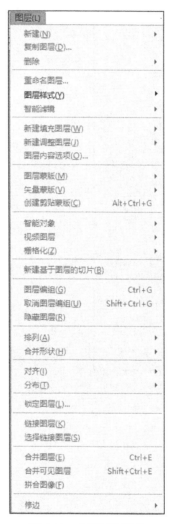

图 4.11 "图层"菜单

4.4 图层的基本操作

图层的基本操作主要包括选择、新建、删除、复制、调整顺序、链接与合并等。

1. 选择图层

先选后做是 Windows 系统下的默认规则。在"图层"面板中单击目标图层即可。如果要选择多个连续图层，先选择第一个，然后按【Shift】键再单击最后一个即可选中多个图层。如果要选择多个不连续图层，先选择一个，然后按【Ctrl】键再逐一单击其他图层即可。

2. 新建图层

新建图层可以实现新建背景图层、普通图层、图层组和通过拷贝的图层等,选择"图层"→"新建"命令,打开菜单,如图 4.12 所示,用户可以根据实际需要选择不同的命令来执行,或者在不打开菜单的情况下,使用命令后面的组合键来实现相应的操作。

（1）新建普通图层

选择"图层"→"新建"命令,在打开的菜单上选择"图层"命令,弹出"新建图层"对话框,如图 4.13 所示。

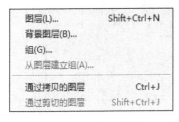

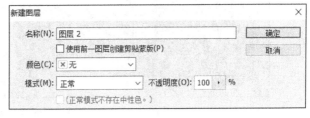

图 4.12　"图层"菜单　　　　　　图 4.13　"新建图层"对话框

"名称"用于确定新图层的名称;"颜色"用于确定新图层在图层面板上显示的颜色标识;"模式"用于定义新图层与下方图层的混合模式;"不透明度"用于确定图层的整体透明效果。

单击"图层"面板上的▢按钮,在当前图层上方创建新图层,其名称默认为图层 n 格式,双击文字处可以对其重命名。

（2）新建背景图层

一般新建文档时,会默认创建一个背景图层。如果当前文档没有背景图层,可以选择任何一个图层,然后选择"图层"→"新建"命令,在打开的菜单上选择"背景图层"命令,会在图层面板最下层直接创建名称为"背景"的图层,如图 4.14 和图 4.15 所示。

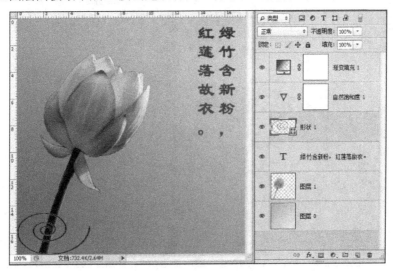

图 4.14　无背景图层

图 4.15 选择形状 1 层创建背景图层

普通图层默认背景色是透明的，而背景图层的默认背景色是颜色选择器的背景颜色。

普通图层更有利于图像的编辑，支持所有的操作，而背景图层是锁定的，如移动、缩放等许多操作是不允许执行的。如果想把背景图层转换为普通图层，可以双击"背景"图层，在弹出的对话框中设置新生成图层的名称等参数，单击"确定"按钮即可。

（3）通过拷贝的图层

这种情况是针对选区内的图像，选择"图层"→"新建"命令，在打开的菜单上选择"通过拷贝的图层"命令，将选区内的图像创建为新的图层，或者直接按【Ctrl+J】组合键实现该功能，如图 4.16 所示。

图 4.16 选择图层 1 并创建选区

（4）通过剪切的图层

类似（3）的情况，选择"通过剪切的图层"命令，此时，Photoshop 会将选区内的图像剪切，然后在新图层上显示选区内的图像，如图4.17 所示。图中选区在"图层1"上，当执行该命令后，"图层1"变成空白图层，"图层2"为新建的图层，并且其上显示选区中的图像。

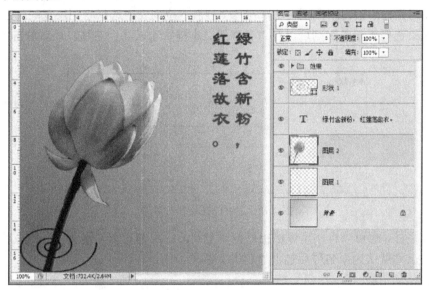

图4.17 通过剪切的图层

3. 删除图层

删除图层的方法主要有 3 种。

1）首先选择要删除的图层，按住鼠标左键将其拖动到图层面板的 按钮上，松开鼠标左键即可。

2）在选择要删除的图层后，单击 按钮，弹出对话框，单击"是"按钮删除图层，单击"否"按钮则取消删除操作。

3）选择"图层"→"删除"命令，在级联菜单中选择删除图层或隐藏图层。

4. 命名图层

对于已经存在的图层，可以直接双击图层名称，输入新名称即可。或者选择以"图层"→"重命名图层"命令，在图层名称处输入新名称。

5. 显示与隐藏

对于包含多个图层的图像，为了操作方便，通常会把暂时不用的图层隐藏。单击"图层"面板中的 图标，可以隐藏图层；再次单击 图标可以使其变为可见图层。

按住【Alt】键的同时单击 图标，只显示当前图层，再次单击显示所有可见图层。

6. 复制与移动图层

（1）复制图层

使用"复制图层"命令，可将图层复制到当前文档或者其他打开的文档中。选中要复制的图层，选择"图层"→"复制图层"命令，弹出"复制图层"对话框，如图 4.18 所示。在对话框中输入新图层名称，在"文档"下拉列表中选择将图层复制到哪个文件夹中，如果选择"新建"则可以在"名称"文本框中输入文档名称，最后单击"确定"按钮。

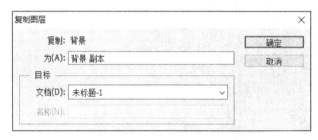

图 4.18　"复制图层"对话框

除此之外，也可以直接用鼠标指针将要复制的图层拖动到创建新图层 按钮上。复制图层的名称默认为原名称后加上"副本"字样。

（2）移动图层

默认情况下，图层是按照创建的顺序自下而上排列的，上面图层中的不透明部分会遮挡下面图层中的图像。改变图层的顺序，整个图像的显示内容和效果也会随之改变。

在一个文档中，移动图层的方法是用鼠标直接拖动某图层，当出现一条黑线时松开鼠标即可改变图层位置。

7. 新建组

为了更好地对图层进行管理，Photoshop 为用户提供了图层组功能。图层组是多个图层的组合，相当于 Windows 的文件夹。

（1）创建图层组

单击图层面板中的创建新组 按钮，或者选择"图层"→"新建"→"组"命令，即可创建图层组，如图 4.19 所示。此时的图层组不包含任何图层，如果用户想将图层放入组中，只需拖动鼠标将图层移至组名称图标上，如图 4.20 所示；如果要将图层移出图层组时，可以直接拖动图层离开图层组区域即可。

创建图层组后，可以对图层组进行折叠和展开操作，以节省面板空间，方便查看图像。单击图层组前面的 图标，展开图层组查看图层；单击图层组前面的 图标，将图层组折叠；如果要修改图层组的名称，可以双击组名称，直接输入新名称，如图 4.21 所示。

（2）从图层建立组

当用户选择了多个图层，选择"图层"→"新建"→"从图层建立组"命令，或者按【Ctrl+G】组合键，可以将选择的多个图层快速创建成组。

图 4.19 新建组

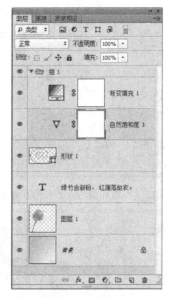

图 4.20 图层入组

图 4.21 折叠组和命名组

4.5 图层的高级应用

4.5.1 图层的混合模式

图层的混合模式是创建各种合成特效的重要手段，用来控制图层之间像素的融合效果，不同的混合模式会产生不同的合成效果。由于混合模式用于控制上下两层在叠加时的总体效果，通常选择上层来设置混合模式，添加方法是在"图层"面板上，单击"正常"下拉按钮，从打开的列表中选择所需的混合模式，或者使用鼠标滚轮来依次浏览不同的混合模式。

在 Photoshop 中提供了 27 种混合模式，共分为 6 组。

1. 不依赖底层图像的正常与溶解模式

（1）正常

默认的混合模式，不会产生特殊效果。

（2）溶解

根据图层的透明度产生颜色溶解的斑点效果，分别如图 4.22 和图 4.23 所示。

2. 使底层图像变暗的模式

使底层图像变暗的模式包括变暗、正片叠底、颜色加深、线性加深和深色模式。

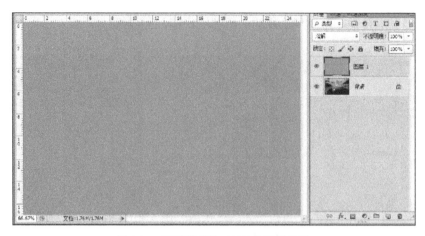

图 4.22　不透明度为 100%的溶解效果

图 4.23　不透明度为 20%的溶解效果

（1）变暗

比较两个图层中的颜色，将颜色较深的像素覆盖较浅的像素，从而使图像产生变暗的混合效果，如图 4.24 所示。

图 4.24　变暗模式

（2）正片叠底

这种混合模式可以产生比两个图层的颜色都暗的颜色，如图 4.25 所示。黑色与任何颜色混合都是黑色，如图 4.26 所示；任何颜色与白色叠加，颜色不变，如图 4.27 所示。

图 4.25　正片叠底模式

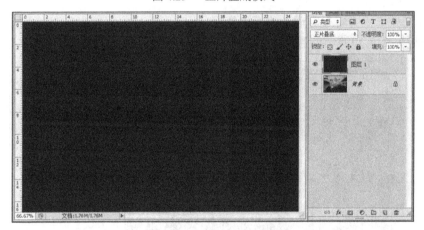

图 4.26　黑色与其他颜色的正片叠底

图 4.27　白色与其他颜色的正片叠底

（3）颜色加深

颜色加深模式可以使混合后的图像亮度减低、色彩加深，效果如图 4.28 所示。

图 4.28　颜色加深模式

（4）线性加深

线性加深模式查看每个通道的颜色信息，通过减少亮度来使背景图层中的图像颜色变暗，效果如图 4.29 所示。白色与其他图像应用线性加深模式混合时，不会有任何变化。

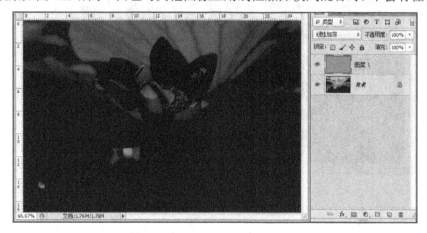

图 4.29　线性加深模式

（5）深色

深色模式能够把两个图层中的所有通道颜色值的总和进行比较，在混合结果中显示较小值的颜色，效果如图 4.30 所示。

3. 使底层图像变亮的模式

使底层图像变亮的模式包括变亮、滤色、颜色减淡、线性减淡（添加）和浅色模式。

（1）变亮

应用变亮混合模式，上层中较亮的颜色会替换下层较暗的颜色，而上层中较暗的颜色会被下层较亮的颜色所替换，因此混合后的整体效果会变亮，效果如图 4.31 所示。

图 4.30　深色

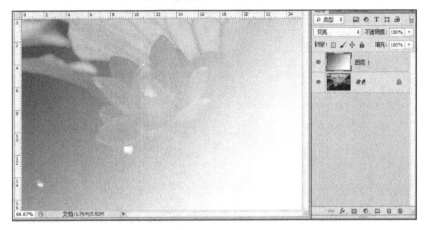

图 4.31　变亮模式

（2）滤色

滤色混合模式总是在结果中显示较亮的颜色，如图 4.32 所示；黑色在上层滤色时会保持下层不变，如图 4.33 所示；白色在上层滤色时会产生白色，如图 4.34 所示。

图 4.32　滤色模式

图 4.33 黑色在上滤色效果

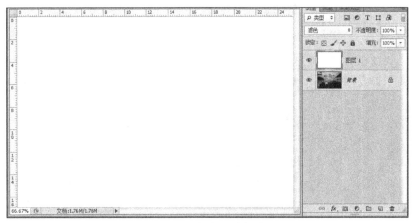

图 4.34 白色在上滤色效果

（3）颜色减淡

颜色减淡模式可以使图层的颜色减小对比度，亮度增加，并且提高颜色的饱和度。变亮效果比滤色更强烈，如图 4.35 所示。

图 4.35 颜色减淡模式

（4）线性减淡（添加）

线性减淡（添加）混合效果与线性加深正好相反，通过增加亮度来减淡颜色，如图 4.36 所示。

图 4.36 线性减淡（添加）模式

（5）浅色

浅色模式能够把两个图层中的所有通道颜色值的总和进行比较，在混合结果中显示较大值的颜色，与深色模式相反，效果如图 4.37 所示。

图 4.37 浅色模式

4. 增加底层图像对比度的模式

增加底层图像对比度的模式，包括叠加、柔光、强光、亮光、线性光、点光和实色混合模式。

（1）叠加

叠加模式相当于同时使用正片叠底和滤色模式两种操作。使用叠加模式时，上层与下层的颜色进行混合，但会保留亮度和暗度，效果如图 4.38 所示。

（2）柔光

柔光效果相当于将点光源发出的漫射光照到图像上，产生柔和的混合效果，如图 4.39 所示。

图 4.38 叠加模式

图 4.39 柔光模式

（3）强光

强光效果相当于将聚光灯照射到图像上，混合的最终效果取决于图层上颜色的亮度，如图 4.40 所示。

图 4.40 强光效果

如果上层图像的颜色比 50%灰色亮，则混合效果会变亮，反之会变暗，如图 4.41 所示。

图 4.41　与 50%灰色比较的强光效果

（4）亮光

亮光模式通过增加或减小图像对比度来加深或减淡颜色，如图 4.42 所示。

图 4.42　亮光模式

如果上层图像的颜色比 50%灰色亮，则通过减小对比度使图像变亮，反之会变暗，如图 4.43 所示。

（5）线性光

线性光模式通过减少或增加亮度来加深或减淡颜色，如图 4.44 所示。

如果上层图像的颜色比 50%灰色亮，则通过增加亮度来使图像变亮，反之会变暗，如图 4.45 所示。

（6）点光

点光模式可以根据当前图层颜色的不同产生不同的替换颜色效果，如图 4.46 所示。

图 4.43　与 50%灰色比较的亮光效果

图 4.44　线性光模式

图 4.45　与 50%灰色比较的线性光效果

如果上层图像的颜色比 50%灰色亮，则替换比上层颜色暗的像素，不改变比上层颜色亮的像素，如图 4.47 所示。

图 4.46 点光效果

图 4.47 与 50%灰色比较的点光效果

（7）实色混合

实色混合是将两个图层的颜色混合，通过色相饱和度来强化混合颜色，使整个画面呈现高反差效果，如图 4.48 所示。如果使用白色混合则只显示白色，如图 4.49 所示。

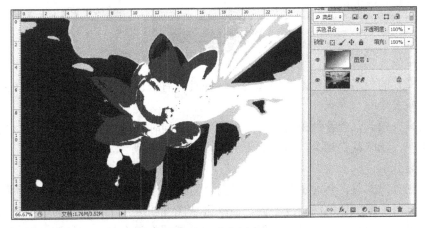

图 4.48 实色混合

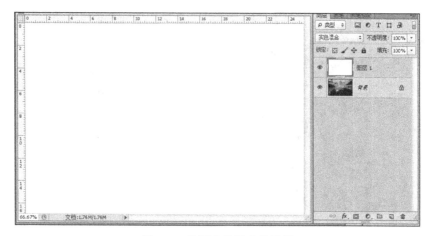

图 4.49　使用白色混合的效果

5. 对比上下图层的模式

对比上下图层的模式包括差值、排除、减去和划分模式。

（1）差值

差值模式将两层的颜色相互抵消，产生一种新的颜色，如图 4.50 所示。

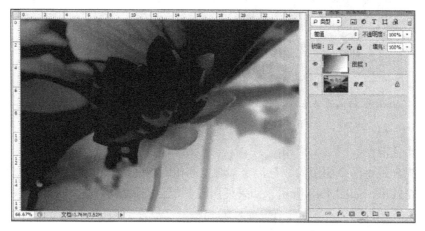

图 4.50　差值模式

（2）排除

排除模式的使用效果比差值模式柔和，并且具有灰色背景的效果，如图 4.51 所示。

（3）减去

使用减去模式，会看到在减去上面图层颜色的同时，也减去了上面图层的亮度，越亮减得越多，越暗减得越少，黑色等于不减，如图 4.52 所示。

（4）划分

使用划分模式时，会发现下面图层根据上面图层颜色的纯度，相应减去了同等纯度的颜色，同时上面颜色的明暗度不同，被减区域图像明度也不同。上面图层颜色越亮，图像亮度变化就会越小；上面图层越暗，被减区域图像就会越亮，如图 4.53 所示。

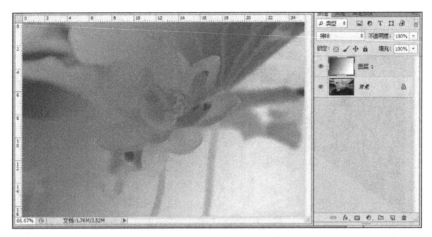

图 4.51 排除模式

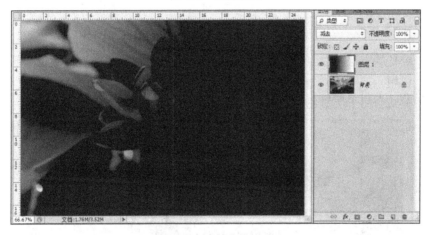

图 4.52 减去模式

如果上面图层是白色，那么减去颜色也不会提高明度，如果上面图层是黑色，那么所有不纯的颜色都会被减去，只保留最纯的三原色及其混合色，如图 4.54 所示。

图 4.53 划分模式

图 4.54　黑白色的划分效果

6. 把一定量的上层图像应用到底层图像的模式

把一定量的上层图像应用到底层图像的模式包括色相、饱和度、颜色和明度模式。

（1）色相

色相模式会将下层颜色的亮度与上层颜色的色相混合，效果如图 4.55 所示。

图 4.55　色相模式

（2）饱和度

饱和度模式会将下层颜色的亮度和色相与上层颜色的饱和度混合，效果如图 4.56 所示。

（3）颜色

颜色模式会将上层图像的色相、饱和度与下层图像的亮度混合，在结果中会将图像原来的明暗度保留，效果如图 4.57 所示。

（4）明度

明度模式是将上层图像的亮度与下层图像的色相、饱和度混合，效果与颜色模式正好相反，如图 4.58 所示。

图 4.56 饱和度模式

图 4.57 颜色模式

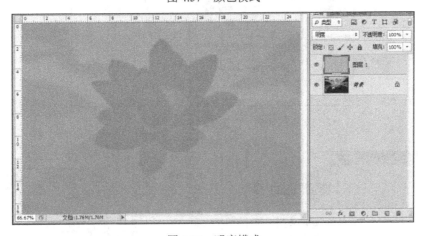

图 4.58 明度模式

上面列举的各个实例效果是基于 RGB 颜色模式的文档，对于其他颜色模式的文档此处不再一一列举了。值得注意的是，对于 Lab 颜色模式的图像文件，无法使用颜色减淡、加深、变暗、变亮、差值和排除这几种混合模式。另外，应用图层混合模式不会对图像造成破坏。

4.5.2 图层的样式

图层样式是制作合成效果的重要手段，为当前图层添加适当的样式，通过简单的操作，迅速将平面图形转化为具有材质和光影效果的立体图形。它是应用在图层上的特殊修饰效果，能为作品增色，增加整幅图像的表现力。图层样式的来源有两种，一种是系统提供的预设样式，使用样式调板来应用；另一种是用户自定义的样式，通过图层样式对话框来定义。

4.5.2.1 自定义图层样式

在 Photoshop 中，打开"图层样式"对话框（图 4.59）的方法有多种。一是选择"图层"→"图层样式"命令，在打开的列表中选择一种样式，如图 4.60 所示；二是单击"图层"面板上的 fx 按钮，在打开的列表中选择一种样式，如图 4.61 所示；三是直接在"图层"面板上双击某一图层的空白区，如图 4.62 所示。

为图层添加某种样式时，可以直接单击样式名称，右侧会显示相应的参数设置区，通过调整参数值来改变样式的效果。如果要删除某种样式，只要取消勾选标记即可。

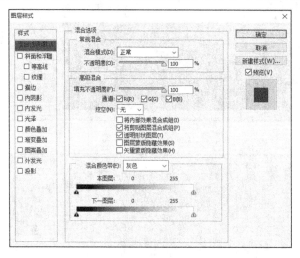

图 4.59 "图层样式"对话框

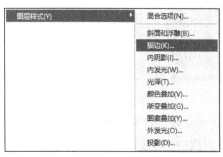

图 4.60 使用菜单命令

图 4.61 使用按钮

图 4.62 双击图层空白区

Photoshop 为用户提供了四大类共 10 种图层样式。

1. 投影与内阴影

（1）投影

投影的使用非常频繁，如文字、按钮、边框等，如果增加一个投影，就会产生层次感，为图像增色不少。投影选项包括如下内容。

1）混合模式：用于设置投影与下面图层的混合模式，默认是"正片叠底"，右侧还有一个颜色框，用于设置投影颜色。

2）不透明度：用于设置投影的不透明度，值越大阴影颜色越深。

3）角度：用于设置光线照明角度，阴影方向会随光照角度的变化而发生变化。

4）使用全局光：为同一图像中的所有图层样式设置相同的光线照明角度。

5）距离：设置阴影偏移的距离，变化范围是 0～30000，值越大，层次感越强。

6）扩展：设置光线的强度，变化范围是 0%～100%，值越大，投影效果越强烈。

7）大小：设置投影柔化程度，变化范围是 0～250，值越大，柔化程度越大。当为 0 时，则不产生任何效果。

8）等高线：用来设置阴影的明暗部分，可以在下拉列表中选择一种预设的等高线，也可以自定义等高线，创造独特的暗调变化。

9）杂色：为阴影增加杂点效果，值越大，杂点越明显。

10）图层挖空投影：用来控制投影在半透明图层中的可见性。

（2）内阴影

内阴影样式用于为图层添加位于图层内容边缘内的阴影，从而使图层产生凹陷的外观效果。选项参数与投影接近，在此不再赘述。

2. 外发光与内发光

（1）外发光

外发光样式用于在图层内容的外边缘添加发光效果。外发光选项包括如下内容。

1）混合模式：选定外发光的图层混合模式。

2）不透明度：设置外发光的不透明度，值越大阴影颜色越深。

3）杂色：用于设置外发光的杂点多少。

4）方法：用于选择精确或柔化的外发光的边缘效果。

5）扩展：设置外发光的强度，变化范围是 0%～100%，值越大，投影效果越强烈。

6）大小：设置外发光的柔化程度，变化范围是 0%～250%，值越大，柔化程度越大。当为 0 时，则不产生任何效果。

7）等高线：用于设置外发光的多种等高线效果。

8）消除锯齿：选中该选项，可以消除所使用的等高线的锯齿，使之平滑。

9）范围：用于调整外发光中等高线的分布范围，默认是 50%，如果小于 50% 则向外侧分布，反之向内侧分布。

10）抖动：主要用于调整外发光中的渐变效果，使图像中的颜色相互掺杂在一起，产生麻纹效果。如果外发光是单色，则无论抖动参数是多少都不会有任何变化。

（2）内发光

内发光样式用于在图层内容的内边缘添加发光效果。其选项与外发光相似，多了一个源选项。内发光选项包括如下内容。

1）源：用于指定发光的位置

2）居中：以图层中心位置开始发光

3）边缘：以图层的内部边缘开始发光

3．各种叠加

（1）颜色叠加

颜色叠加主要是在图层内容上叠加单色，可以快速为图层设置颜色。

（2）渐变叠加

渐变叠加主要是在图层内容上叠加渐变色。

（3）图案叠加

图案叠加主要是在图层内容上叠加图案纹理，借助于不同的混合模式和不透明度，使图案和图像产生特殊的叠加效果。

4．其他

（1）斜面和浮雕

该样式在图层的边缘添加一些高光和阴影效果，从而产生立体的斜面或浮雕效果。选项说明如下。

1）样式：用于创建不同的斜面和浮雕效果，包括外斜面、内斜面、浮雕效果、枕状浮雕和描边浮雕。其中，外斜面是从图像边缘外侧创建高光和阴影，使图像产生凸起的立体效果；内斜面是从图像边缘内侧创建高光和阴影，使图像产生凸起的立体效果；浮雕效果以图像的边缘为中心向两侧创建高光和阴影；枕状浮雕是以图像边缘为中心向两侧创建角度相反的高光和阴影；描边浮雕只能在应用了描边样式的图层上创建浮雕效果。

2）方法：用于选择一种表现方式。

3）深度：用于调整效果的凸起或凹陷的程度。

4）大小：用于调整斜面和浮雕的大小，数值越大，立体效果越明显。

5）软化：调整高光和阴影边缘的柔和度，数值越大，过渡越圆滑。

6）角度：光线的照射角度。

7）高度：光线的照射高度。

8）光泽等高线：使用曲线编辑模式来调整高光和阴影透明度的变化。

9）高光模式：用于设置效果中高光部分的混合模式、颜色和不透明度。

10）阴影模式：用于设置效果中阴影部分的混合模式、颜色和不透明度。

（2）光泽

在图层内部根据图层的形状模拟光线在形体表面产生的映射效果，应用阴影来创建光滑的质感。

（3）描边

使用纯色、渐变色或图案在图层内容的边缘上描画轮廓，主要针对边缘清晰的形状。

实例 4.1 为文字添加图层样式。

① 打开"Photoshop 源文件与素材\第 4 章\文字.psd"文件，如图 4.63 所示。

图 4.63 "文字"素材

② 选择文字图层，使用上面介绍的方法打开"图层样式"对话框。

③ 勾选"投影"复选框，设置参数如图 4.64 所示，其他参数默认，效果如图 4.65 所示。

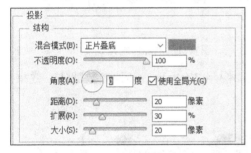

图 4.64 设置投影参数 　　　　　　　　　图 4.65 添加投影效果

④ 勾选"内阴影"复选框，设置参数如图 4.66 所示，其他参数默认，效果如图 4.67 所示。

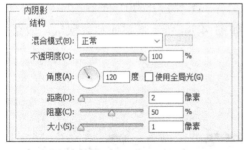

图 4.66 设置内阴影参数 　　　　　　　　图 4.67 添加内阴影效果

⑤ 勾选"外发光"复选框，设置参数如图 4.68 所示，其他参数默认，效果如图 4.69 所示。

⑥ 勾选"内发光"复选框，设置参数如图 4.70 所示，其他参数默认，效果如图 4.71 所示。

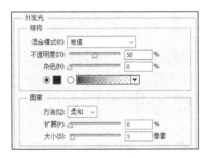

图 4.68　设置外发光参数

图 4.69　添加外发光效果

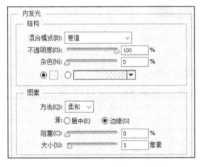

图 4.70　设置内发光参数

图 4.71　添加内发光效果

⑦ 勾选"颜色叠加"复选框，设置参数如图 4.72 所示，其他参数默认，效果如图 4.73 所示。

图 4.72　设置颜色叠加参数

图 4.73　添加颜色叠加效果

⑧ 勾选"渐变叠加"复选框，设置参数如图 4.74 所示，其他参数默认，效果如图 4.75 所示。

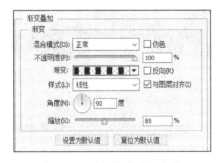

图 4.74　设置渐变叠加参数

图 4.75　添加渐变叠加效果

⑨ 勾选"图案叠加"复选框，设置参数如图 4.76 所示，其他参数默认，效果如

图 4.77 所示。

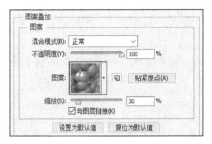

图 4.76 设置图案叠加参数　　　　　　　图 4.77 添加图案叠加效果

⑩ 勾选"光泽"复选框，设置参数如图 4.78 所示，其他参数默认，效果如图 4.79 所示。

图 4.78 设置光泽参数　　　　　　　图 4.79 添加光泽效果

⑪ 勾选"描边"复选框，设置参数如图 4.80 所示，其他参数默认，效果如图 4.81 所示。

图 4.80 设置描边参数　　　　　　　图 4.81 添加描边效果

⑫ 勾选"斜面和浮雕"复选框，设置参数如图 4.82 所示。文字添加所有样式的最终效果如图 4.83 所示。

⑬ 添加完样式之后，单击"确定"按钮关闭样式对话框，选择"文件"→"存储为"命令，将文件保存在"Photoshop 图像处理案例教程\第 4 章"文件夹下，命名为"文字样式"，保存文件类型为 PSD 格式。

虽然实例 4.1 用到了所有的样式，但是由于图层样式的参数非常丰富，在进行创作时，也并不是把所有样式都用上才能做到最好，需要用户进行多次实践，通过修改参数值和组合不同的样式才能设计出更多更好的作品。

图 4.82　设置斜面和浮雕参数　　　　　　图 4.83　最终效果

4.5.2.2　预设样式

Photoshop 为用户提供了许多预设样式，使用时，只需要单击就可以将样式应用到图层上。使用"图层样式"对话框或"样式"面板，可以查看、选择或管理预设样式。

1. 应用预设样式

在"图层样式"对话框左侧列表中，选择"样式"选项，可以看到系统提供的预设样式，如图 4.84 所示。

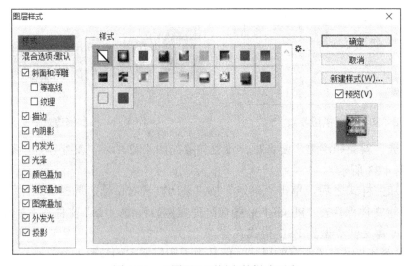

图 4.84　"图层"面板上的样式列表

选择"窗口"→"样式"命令，打开"样式"面板，如图 4.85 所示。

为图层添加预设样式的方法比较简单，可以在选择图层后，单击样式；或者从样式列表中将样式拖动到图像区域；或者从样式列表中拖动样式到图层面板的图层上。

图 4.85 "样式"面板

2. 追加样式

当列表中的样式不能满足用户需求时，可以单击"样式"面板右上角的▦按钮，打开样式面板菜单，如图 4.86 所示，从中选择其他样式（此处选择"玻璃按钮"），弹出图 4.87 所示的询问对话框，单击"追加"按钮，可以把新样式追加到样式列表，如图 4.88 所示。

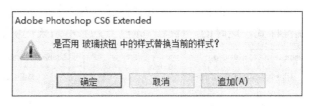

图 4.87 是否追加样式

图 4.86 "样式"面板菜单

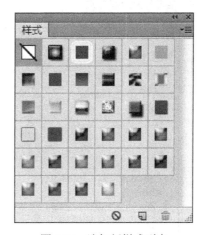

图 4.88 追加新样式列表

3. 管理预设样式

（1）删除预设样式

对于系统提供的预设样式，用户可以直接将其拖动到"样式"面板的删除按钮上。或者，在样式上右击选择"删除样式"命令即可。还可以在"样式"面板菜单中选择"预设管理器"命令，在其中选择某一种样式再单击"删除"按钮。

（2）重命名样式

在"样式"面板中选择样式后，右击鼠标，在弹出的快捷菜单中选择"重命名样式"

命令，在弹出的"样式名称"对话框输入名称后，单击"确定"即可。或者，单击"样式" ▼目 菜单，选择"预设管理器"选项，在其中选择样式后，单击 重命名(R)... 按钮，弹出"样式名称"对话框，输入名称，完成重命名。

（3）创建预设样式

创建新的预设样式，需要先自定义样式，然后在"样式"面板上单击"创建新样式" 🖵 按钮，在弹出的对话框中输入新样式的名称即可。例如，实例 4.1 完成之后，打开"样式"面板，单击创建新样式按钮，把设计的样式定义为预设样式，以后再使用时就不用重新编辑了。

（4）复位样式

在"样式"面板上单击菜单按钮，在列表中选择"复位样式"命令，系统弹出询问对话框，如图 4.89 所示，单击"确定"按钮后，系统会继续弹出询问对话框，如图 4.90 所示，单击"是"按钮后，弹出"存储"对话框，如图 4.91 所示，输入文件名并保存，完成复位样式，这时的"样式"面板上只显示系统提供的预设样式。

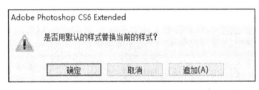

图 4.89　是否替换当前样式　　　　图 4.90　是否存储当前样式

图 4.91　"存储"样式对话框

4.5.3　管理图层样式

创建图层样式后，通过图层面板可以非常清晰地看到某一图层用到了哪些样式，如图 4.92 所示。对于图层样式，用户也可以进行管理。

1. 折叠与展开图层样式

添加了图层样式的图层，右侧会有一个 fx 图标，单击其后的下三角能够展开所有样式，如图 4.92 所示；反之，单击上三角可以折叠所有样式，如图 4.93 所示。

图 4.92 展开所有样式   图 4.93 折叠所有样式

2. 隐藏与显示图层样式

在图 4.92 所示的"图层"面板中，每种样式前都有一个眼睛 ● 图标，默认时是显示样式效果，单击眼睛 ● 图标则隐藏样式效果。选择"图层"→"图层样式"→"显示所有效果"命令，显示所有样式效果；选择"图层"→"图层样式"→"隐藏所有效果"命令，隐藏所有样式效果。

3. 删除图层样式

当添加的某种图层样式效果不满意时，可以用鼠标将其他拖动到图层面板的"删除图层"按钮上将其删除。当所有的图层样式都不再需要时，可以直接将 fx 图标拖动到"删除图层"按钮上；或者选择"图层"→"图层样式"→"清除图层样式"命令删除所有样式；也可以在 fx 图标上右击，在弹出的快捷菜单上选择"清除图层样式"命令删除所有样式。

4. 复制与移动图层样式

（1）复制图层样式

复制图层样式就是将某图层使用的样式效果应用到另一图层上，具体方法是先选择应用样式的图层，选择"图层"→"图层样式"→"拷贝图层样式"命令，然后选择要应用样式的图层，选择"图层"→"图层样式"→"粘贴图层样式"命令，实现图层样式的复制。复制样式前后的效果分别如图 4.94 和图 4.95 所示。

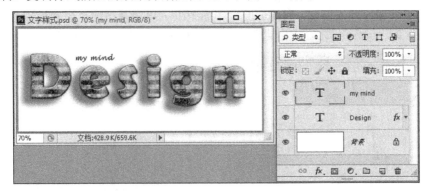

图 4.94　复制图层样式前

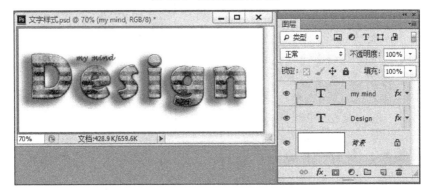

图 4.95　复制图层样式后

复制图层样式时，也可以在有样式的图层上右击，选择"拷贝图层样式"命令，然后在没有样式的图层上右击，选择"粘贴图层样式"命令，实现复制图层样式。

（2）移动图层样式

移动图层样式就是将某图层使用的样式效果转移到另一图层上，操作方法是直接用鼠标拖动指示图层效果的图标，就可以实现样式的移动了，对比效果如图 4.96 和图 4.97 所示。

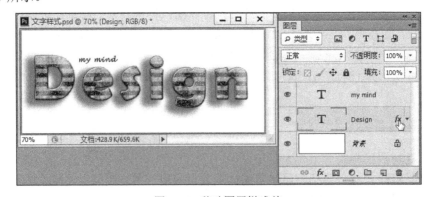

图 4.96　移动图层样式前

图 4.97 移动全部样式后

上图是移动全部效果，直接将鼠标指针指向"效果"拖动到另一图层，如果要移动其中的一种或几种效果，可将鼠标指针指向具体的样式名称进行拖动，如图 4.98 和图 4.99 所示。

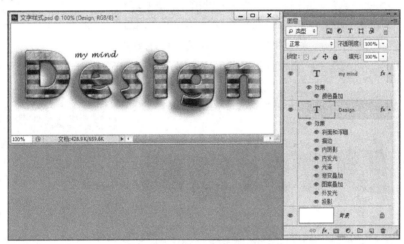

图 4.98 移动一种样式

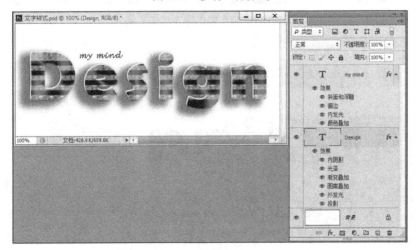

图 4.99 移动多种样式

5. 缩放图层样式

选择"图层"→"图层样式"→"缩放效果"命令，可以缩放图层样式中的效果，对图像没有影响，应用缩放图层样式的效果如图 4.100～图 4.102 所示。

图 4.100　缩小样式为 1%的效果

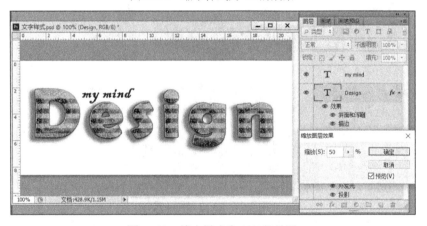

图 4.101　缩小样式为 50%的效果

图 4.102　放大样式为 750%的效果

6. 将图层样式转换为图层

创建好的图层样式只能通过"图层样式"对话框进行编辑修改，无法使用其他操作命令。为了提高样式的可操作性，Photoshop 为用户提供了样式转换为图层的功能，能够添加更加丰富的样式效果。具体操作是选择带有样式的图层，选择"图层"→"图层样式"命令，在打开的菜单中选择"创建图层"命令，如果有些样式无法创建为图层，则系统会给出提示，如图 4.103 所示，单击"取消"按钮不会创建图层；单击"确定"按钮创建新的图层，如图 4.104 所示。

图 4.103 系统提示　　　　　　　　　图 4.104 图层样式转换为图层

4.5.4 调整图层

调整图层是一种特殊的图层，它可以对图像的颜色、曝光度和色调等进行调整，不会破坏图像本身，对图像所做的修改存在于调整图层中。调整图层主要分为两大类，一类为填充图层，另一类为调整图层。

1. 填充图层

填充图层可以为图像快速添加颜色、图案和渐变色，创建方法主要有两个，一是在"图层"面板上单击创建新的填充或调整图层 按钮，在打开的列表中选择最上面的 3

个命令中的一个进行创建，如图 4.105 所示；二是选择"图层"→"新建填充图层"命令，在打开的列表中选择一个命令进行创建，如图 4.106 所示。

图 4.105　使用"图层"面板创建　　　　图 4.106　使用"图层"菜单创建

实例 4.2　为"荷花"文档创建填充图层。

① 打开"Photoshop 源文件与素材\第 4 章\荷花"文件，如图 4.107 所示。

② 单击"图层"面板上的 按钮，在打开的列表中选择"纯色"选项，在弹出的"拾色器"对话框中选择一种颜色，如图 4.108 所示。

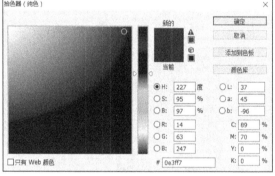

图 4.107　"荷花"素材　　　　　　　图 4.108　"拾色器"对话框

③ 单击"确定"按钮，图像如图 4.109 所示。

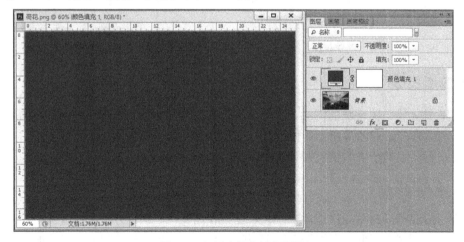

图 4.109　创建纯色填充图层

④ 调整适当的混合模式，最终效果如图 4.110 所示。

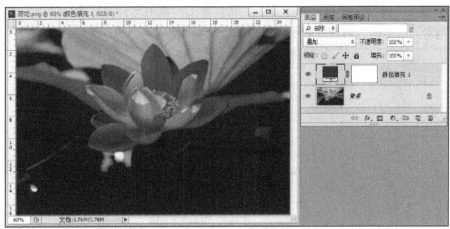

图 4.110　修改混合模式

上面只介绍了纯色填充图层的创建方法，对于渐变填充和图案填充图层的创建过程与此相同，在此不再详叙。

2. 调整图层

调整图层可以对图像进行各种色彩调整，不会影响图像的原始信息。创建方法和填充图层一样，一是利用"图层"面板上的 ◐ 按钮，在打开的菜单中选择命令进行创建，如图 4.111 所示；二是使用"图层"菜单命令，如图 4.112 所示。

图 4.111　使用"图层"面板创建　　　　　图 4.112　使用"图层"菜单创建

实例 4.3 接着实例 4.2 为"荷花"文件创建调整图层。

① 单击"图层"面板上的 ◑. 按钮，在打开的列表中选择"色阶"命令，创建调整图层"色阶 1"，在"属性"面板中调整参数，如图 4.113 所示。

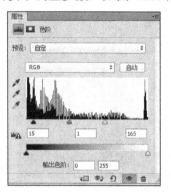

图 4.113 调整色阶参数

② 单击"图层"面板上的 ◑. 按钮，在打开的列表中选择"曲线"命令，创建调整图层"曲线 1"，在"属性"面板中调整参数，分别如图 4.114～图 4.117 所示。

③ 单击"图层"面板上的 ◑. 按钮，在打开的列表中选择"色相/饱和度"命令，创建调整图层"色相与饱和度 1"，在"属性"面板中调整参数，分别如图 4.118～图 4.121 所示。

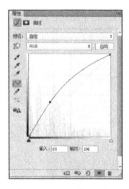  

图 4.114 调整明暗度　　图 4.115 调整红通道　　图 4.116 调整绿通道　　图 4.117 调整蓝通道

图 4.118 调整洋红　　图 4.119 调整绿色　　图 4.120 调整蓝色　　图 4.121 调整红色

④ 修改各调整图层的混合模式，最终效果如图 4.122 所示。

⑤ 选择"文件"→"存储为"命令，将文件保存在"Photoshop 图像处理案例教程\第 4 章"文件夹下，命名为"多彩荷花"，文件保存类型为 PSD 格式。

图 4.122　创建填充和调整图层后的效果

通过上述实例可以看出，在一个文档中可以创建多个调整图层。这些调整图层可以像普通图层一样进行各种操作。填充图层的 3 种填充效果的编辑方式在 2.4.2 中已详细介绍过，调整图层包括的诸多内容，请大家参考后文的具体介绍，在此不一一举例说明。

第 5 章 蒙　版

5.1　什么是蒙版

蒙版是 Photoshop 为用户提供的又一个功能强大的编辑工具，常常用来控制图像区域的显示与隐藏。蒙版的优势在于编辑图像的方式是非破坏性的，通过编辑蒙版，可以对图层应用各种特殊效果，不会影响图层上的像素，不会删除图像内容。

5.2　蒙版的分类

在 Photoshop 中，有 4 种类型的蒙版，分别是图层蒙版、矢量蒙版、剪贴蒙版和快速蒙版。

1. 图层蒙版

图层蒙版是使用频率最高的一类蒙版，绝大多数的图像合成会用到图层蒙版。使用图层蒙版可以将图像中不需要显示的内容隐藏，不会对图像造成破坏。

2. 矢量蒙版

矢量蒙版是另一种类型的图层蒙版，它是基于矢量图形对图像区域进行隐藏的蒙版。

3. 剪贴蒙版

剪贴蒙版是一类通过图层关系来控制图层中图像显示区域的蒙版，能够实现一对一、一对多的隐藏效果。

4. 快速蒙版

使用快速蒙版的意义是制作选区，应用快速蒙版的方法是通过隐藏图像的一部分，显示图像的另一部分来制作特殊形状的选区。

5.3　蒙版的应用

5.3.1　图层蒙版

前面已经介绍了图层蒙版的作用，应用图层蒙版的效果如图 5.1 所示。不难看出，图层蒙版相当于给图层盖了一张纸，纸上只有黑白两色，黑色区域对应的图像完全隐藏，白色区域对应的图像则完全显示。因此，图层蒙版是在当前图层上创建的一个蒙版层，蒙版层与当前图层是链接关系，对蒙版层的编辑不会影响当前图层。蒙版层实质是一个拥有 256 级灰度的图像，黑色区域对应的当前图层完全隐藏，白色区域对应的当前图层完全透明，而灰色区域对应的当前图层是部分透明的。

图 5.1　图层蒙版

1. 创建图层蒙版

创建图层蒙版的方法有多种，下面通过实例来介绍具体的操作步骤。

实例 5.1　使用手绘蒙版的方法，为荷花池种满荷花。

① 打开"Photoshop 源文件与素材\第 5 章\静湖"文档，如图 5.2 所示。

图 5.2　"静湖"素材

② 选择"文件"→"置入"命令，在"置入"对话框中选择"第 5 章/素材/一池荷花"文档，单击"置入"按钮将其置入当前文档，如图 5.3 所示。

图 5.3 置入"一池荷花"文档

③ 单击选项栏上的 √ 或者按【Enter】键确认操作，此时，"图层"面板上会出现一个智能对象图层，如图 5.4 所示。

提示：用户可以双击"一池荷花"图层，将其转换为普通图层，如果不转换，也不会影响图层蒙版的使用。

④ 单击"图层"面板上的添加图层蒙版 ▣ 按钮，为"一池荷花"图层创建蒙版，如图 5.5 所示。或者选择"图层"→"图层蒙版"命令，在打开的菜单中选择"显示全部"命令，也可以创建图层蒙版。

图 5.4 智能对象图层

图 5.5 创建图层蒙版

⑤ 切换画笔工具，将前景色置为黑色，使用柔角画笔在蒙版上涂抹，将不显示的图像区域涂成黑色，在涂抹过程中可以调整画笔笔尖大小，从而达到预想效果，如图 5.6 所示。

⑥ 选择"文件"→"存储为"命令，将文件保存在"Photoshop 图像处理案例教程\第 5 章"文件夹下，命名为"满池荷花"，文件保存类型为 PSD 格式。

图 5.6　编辑图层蒙版

本例是使用手工绘制的方法来创建和编辑蒙版层，使用起来非常方便。值得注意的是，如果在涂抹过程中发现要隐藏的部分涂多了，可以将前景色变成白色，把涂错的地方再用白色进行涂抹，就能修改图层蒙版。另外，在使用画笔进行涂抹时，也可以借助画笔的不透明度选项，会使图像的合成效果更加自然。

实例 5.2　利用选区快速创建图层蒙版。

① 打开"Photoshop 源文件与素材\第 5 章\盆栽"文档，选择"文件"→"置入"命令，在"置入"对话框中选择"荷花"文档，单击"置入"按钮将其置入当前文档，单击选项栏上的 √ 或者按【Enter】键确认操作，如图 5.7 所示。

图 5.7　在"盆栽"素材中置入"荷花"

② 单击眼睛 ◉ 图标，隐藏"荷花"图层，选择"背景"图层，使用快速选择工具，创建花盆的选区，如图 5.8 所示。

图 5.8　创建选区

③ 选择"荷花"图层，再次单击眼睛 👁 图标显示该图层。

④ 单击"图层"面板上的"添加图层蒙版" ▣ 按钮，或者选择"图层"→"图层蒙版"命令，在打开的菜单中选择"显示选区"命令，为"荷花"图层创建图层蒙版，如图 5.9 所示。

图 5.9　创建图层蒙版

图 5.10　取消链接

⑤ 切换移动工具，移动荷花图层。此时，为了保证荷花能显示在花盆上，先取消图层与蒙版之间的链接 🔗 按钮，如图 5.10 所示。

⑥ 单击"荷花"图层的缩览图图标，移动鼠标将荷花移动到花盆上，如图 5.11 所示。按【Ctrl+T】组合键进行自由变换，缩放图像，最终效果如图 5.12 所示。

图 5.11　移动图像　　　　　　　　图 5.12　变换图像

⑦ 选择"文件"→"存储为"命令，将文件保存在"Photoshop 图像处理案例教程\第 5 章"文件夹下，命名为"漂亮的盆栽"，文件保存类型为 PSD 格式。

借助于选区快速创建图层蒙版能提高工作效率，创建的蒙版非常精确，适合对多个图像进行合成，如向相册模板中添加照片。

实例 5.3　**通过复制图像来编辑图层蒙版。**

① 打开"Photoshop 源文件与素材\第 5 章\泡泡 2"文档，单击"图层"面板上的添加图层蒙版 按钮，为背景创建图层蒙版，如图 5.13 所示。

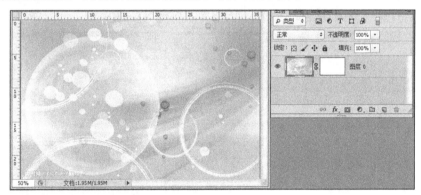

图 5.13　创建图层蒙版

② 按【Alt】键的同时单击图层蒙版，此时，工作区只显示图层蒙版内容，如图 5.14 所示。

③ 打开"Photoshop 源文件与素材\第 5 章\泡泡 1"文档，按【Ctrl+A】组合键选择全部图像，按【Ctrl+C】组合键复制图像。

④ 返回"泡泡 2"文档，按【Ctrl+V】组合键粘贴图像，将步骤③中复制的图像粘贴到图层蒙版上，如图 5.15 所示。

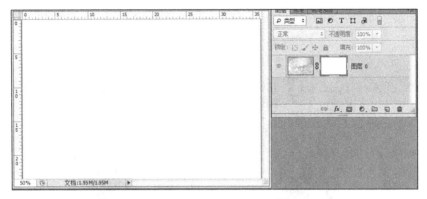

图 5.14　在工作区显示图层蒙版

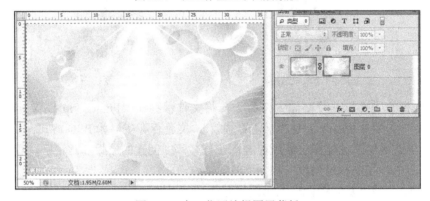

图 5.15　在工作区编辑图层蒙版

⑤　单击图层缩览图图标，按【Ctrl+D】键取消选区，此时会看到图像显示部分透明的效果，仔细观察会隐约看到泡泡 1 的图像，如图 5.16 所示。

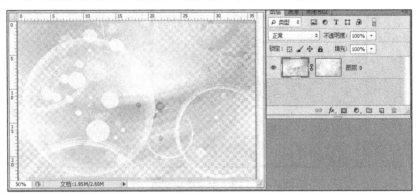

图 5.16　合成效果

⑥　选择"文件"→"存储为"命令，将文件保存在"Photoshop 图像处理案例教程\第 5 章"文件夹下，命名为"合成泡泡"，保存文件类型为 PSD 格式。

2. 停用/启用图层蒙版

为了节省存储空间和提高图像处理速度，可以将蒙版取消，从而减小图像文件的大小。

在蒙版层右击，打开蒙版快捷菜单，如图 5.17 所示，在下拉列表中选择"停用图层蒙版"命令，效果如图 5.18 所示。

图 5.17　蒙版快捷菜单　　　　　　　　　图 5.18　停用图层蒙版

在图 5.17 所示的快捷菜单中选择"启用图层蒙版"命令，可以启用蒙版功能，选择"删除图层蒙版"命令，可以删除图层蒙版。删除图层蒙版也可以直接将图层蒙版拖动到"图层"面板的删除图层 🗑 按钮上。

5.3.2　矢量蒙版

矢量蒙版是另一类图层蒙版，是由钢笔、自定义形状等矢量工具创建的蒙版。

实例 5.4　使用矢量蒙版制作网格图像。

① 打开"Photoshop 源文件与素材\第 5 章\荷花"文档，选择"文件"→"置入"命令，在"置入"对话框中选择"绿叶"文档，单击"置入"按钮将其置入当前文档，调整大小后，单击选项栏上的 √ 或者按【Enter】键确认操作，如图 5.19 所示。

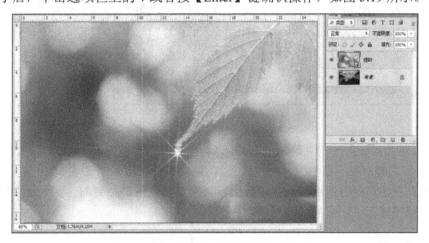

图 5.19　在"荷花"素材中置入"绿叶"

② 选择自定义形状工具，在选项栏中设置参数如图 5.20 所示。

图 5.20 自定义形状工具参数设置

③ 用鼠标指针在"绿叶"图层上拖动出网格形状，如图 5.21 所示。

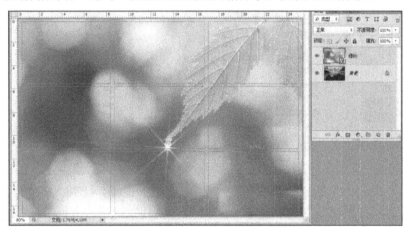

图 5.21 创建形状路径

④ 选择"图层"→"矢量蒙版"命令，在打开的菜单中选择"当前路径"命令即可创建矢量蒙版，如图 5.22 所示。

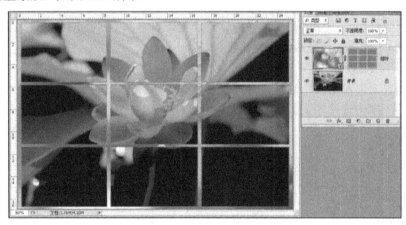

图 5.22 创建矢量蒙版

⑤ 选择"文件"→"存储为"命令，将文件保存在"Photoshop 图像处理案例教程\第 5 章"文件夹下，命名为"网格荷花"，保存文件类型为 PSD 格式。

上例在创建路径时使用了形状工具比较方便，如果用户想要创建更为复杂的路径，则需要使用钢笔工具，它的详细用法请参考第 7 章。

5.3.3 剪贴蒙版

剪贴蒙版比较特殊，它在实现蒙版功能时是通过下方图层的图像形状来控制上方图层中图像的显示或隐藏。在此，我们将下方图层叫做基层，而上方图层称为内容层，如图 5.23 所示。一般的，基层只能有一个，内容层可以有多个。

图 5.23 剪贴蒙版

实例 5.5 利用剪贴蒙版给摩天大楼穿上外衣。

① 打开"Photoshop 源文件与素材\第 5 章\摩天大楼"文档，选择"文件"→"置入"命令，在"置入"对话框中选择"风景"文档，单击"置入"按钮将其置入当前文档，如图 5.24 所示。

② 对"风景"层进行旋转和缩放，单击 √ 或者按【Enter】键确认，如图 5.25 所示。

图 5.24 在"摩天大楼"素材中置入"风景"   图 5.25 变换风景层

③ 选择"图层"→"创建剪贴蒙版"命令，或者按【Ctrl+Alt+G】组合键创建剪贴蒙版，如图 5.26 所示。

④ 修改"风景"图层的混合模式设为"正片叠底"，最终效果如图 5.27 所示。

⑤ 选择"文件"→"存储为"命令，将文件保存在"Photoshop 图像处理案例教程\第 5 章"文件夹下，命名为"摩天大楼"，保存文件类型为 PSD 格式。

图 5.26　创建剪贴蒙版

图 5.27　合成效果

通过上例，可以看出剪贴蒙版在创建后，相对于其他图层向右缩进了一些。创建剪贴蒙版的方法还可以按【Alt】键，当鼠标指针变成 ↓□ 时，单击两图层的交界线，创建剪贴蒙版。

当不再需要剪贴蒙版时，可以选择"图层"→"释放剪贴蒙版"命令，或者再次按【Ctrl+Alt+G】组合键释放剪贴蒙版。除此之外，还可以按【Alt】键，当鼠标指针变成 ↘□ 形状时，单击两层交界线，也能释放剪贴蒙版。

5.3.4　快速蒙版

快速蒙版的出现主要是为了创建选区。使用快速蒙版时，借助于画笔可以创建形状各异、任意边缘的选区。

单击工具箱最下方的以快速蒙版模式编辑▣按钮，为当前图层创建快速蒙版。与其他几种蒙版不同的是，快速蒙版不会显示在"图层"面板上，用户使用画笔直接在图像上进行涂抹，生成半透明的红色区域，这就是快速蒙版，如图 5.28 所示。

图中没有颜色的区域是选区，红色区域反而不是选区。此时，可以使用黑色画笔工具扩大红色区域，用白色画笔减少红色区域，这也是快速蒙版灵活性的体现，使用它能够创建特殊的选区。

实例 5.6　使用快速蒙版创建异形选区。

① 打开"Photoshop 源文件与素材\第 5 章\风景"文档，单击工具箱最下方的以快速蒙版模式编辑▣按钮，进入快速蒙版编辑状态。

② 切换画笔工具，选择一种笔尖形态，在工作区绘制，此时会看到画笔画过的区域变成红色，如图 5.29 所示。

③ 再次单击以快速蒙版模式编辑▣按钮，则退出快速蒙版编辑状态，此时会看到选区如图 5.30 所示。注意，这个选区与步骤②中的红色区域正好相反。

④ 选择"选择"→"反向"命令，创建枫叶选区，按【Ctrl+J】组合键，将枫叶选区内的图像创建为新的图层，如图 5.31 所示。

图 5.28　快速蒙版 图 5.29　编辑快速蒙版

图 5.30　取消快速蒙版生成选区 图 5.31　创建新图层

⑤ 选择"文件"→"存储为"命令，将文件保存在"Photoshop 图像处理案例教程\
第 5 章"文件夹下，命名为"枫叶"，文件保存类型为 PSD 格式。

第6章　色彩与色调

任何一幅图像都有色彩和色调，调整色彩与色调的关系是图像处理的关键，无论是家庭数码照片处理还是专业的图像处理，都离不开色彩与色调的调整。本章介绍 Photoshop 中颜色模式的定义和管理颜色的方法，通过实例介绍功能强大的色彩调整命令。

6.1　图像的颜色模式

颜色模式是将某种颜色表现为数字形式的模型，或者说是一种记录图像颜色的方式，包括 RGB（红色、绿色、蓝色）模式，CMYK（青色、洋红、黄色、黑色）模式，HSB（色相、饱和度、亮度）模式，Lab 颜色模式，位图模式，灰度模式，索引颜色模式，双色调模式和多通道模式等。

1. RGB 模式

RGB 模式是一种光色模式，因为自然界中所有的颜色都可以用红、绿、蓝 3 种色光波长的不同强度组合而得，即人们常说的三基色原理。因此，这 3 种光常被人们称为三基色或三原色。有时候我们亦称这 3 种基色为添加色，这是因为当我们把不同光的波长加到一起的时候，得到的将会是更加明亮的颜色。

在 Photoshop 中，为彩色图像中每个像素的 RGB 分量指定一个[0，255]区间的强度值，对 RGB 三基色进行叠加，可以产生更多的颜色。即 256×256×256=16777216 种颜色，这就是我们常说的真彩色。另外，电视机和计算机的显示器也是基于 RGB 模式来显示其颜色的。

2. CMYK 模式

CMYK 模式是一种印刷模式。其中 4 个字母分别指青（Cyan）、洋红（Magenta）、黄（Yellow）、黑（Black），在印刷中代表 4 种颜色的油墨。CMYK 模式在本质上与 RGB 模式没有什么区别，只是产生色彩的原理不同。在 RGB 模式中，由光源发出的色光混合生成颜色，在 CMYK 模式中，由光线照到有不同比例 C、M、Y、K 油墨的纸上，部分光谱被吸收后，反射到人眼的光产生颜色。由于 C、M、Y、K 在混合成色时，随着 C、M、Y、K 4 种成分的增多，反射到人眼的光会越来越少，光线的亮度会越来越低，所以 CMYK 模式产生颜色的方法又被称为色光减色法。

在 Photoshop 的 CMYK 模式中，为每个像素的每种印刷油墨指定一个百分比值。其中亮调的颜色所含印刷油墨的颜色百分比较低，暗调的颜色所含印刷油墨的颜色百分比较高，当 4 种颜色的值均为 0%时，会产生纯白色。

虽然 CMYK 模式也能产生许多颜色，但它的颜色表现能力并不能让人满意，它所能描绘的色彩量最少。将 CMYK 印刷作品的颜色与同是 RGB 模式的颜色相比，可以看到 CMYK 图像的颜色纯度不高，并且看起来灰暗。若是用户要用印刷色打印图像，应使用 CMYK 模式；若用 RGB 模式输出图片直接打印，则不能准确反映最后印刷作品的色彩显示。

3. HSB 模式

HSB 模式是基于人对颜色的心理感受的一种颜色模式。这种颜色模式包括 3 个要素：色相（Hue）、饱和度（Saturation）和亮度（Brightness）。色相是颜色本身固有的色彩属性，确定颜色的色彩称为色度。饱和度指颜色的强度或纯度，它表示色相中灰色分量所占的比例，使用 0%（灰色）～100%（完全饱和）的百分比来度量。在标准色轮上，饱和度从中心到边缘逐渐递增。亮度是因光的强弱而导致颜色的明亮和黑暗程度。颜色的亮度通常使用从 0%到 100%的百分比来度量，当百分比为 0%时代表黑色，百分比为 100%时代表白色，如图 6.1 所示。

在 Photoshop 中用户可以使用 HSB 模式，在"拾色器"对话框和"颜色"面板中定义颜色，但是没有用于编辑图像的 HSB 模式。

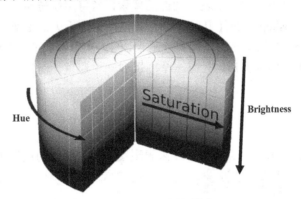

图 6.1　HSB 颜色模式

4. Lab 颜色模式

Lab 颜色模式是根据国际照明委员会制定的颜色测定标准建立的。这种颜色模式由 RGB 三基色转换而来，它是由 RGB 模式转换为 HSB 模式和 CMYK 模式的桥梁。该颜色模式由一个发光率(Luminance)和两个颜色(a,b)轴组成。其中 a 表示从洋红至绿色的范围，b 表示从黄色至蓝色的范围。它由颜色轴所构成的平面上的环形线来表示颜色的变化，其中径向表示颜色饱和度的变化，自内向外，饱和度逐渐增高；圆周方向表示色调的变化，每个圆周形成一个色环；而不同的发光率表示不同的亮度并对应不同环形颜色变化线。另外它是一种具有"独立于设备"的颜色模式，即不论使用何种显示器或打印机，Lab 的颜色不变。

在 Photoshop 中，Lab 颜色模式的亮度范围为 0～100，a 和 b 分量的范围为-128～127，如图 6.2 所示。

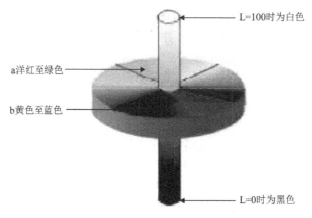

L=100时为白色

a洋红至绿色

b黄色至蓝色

L=0时为黑色

图 6.2　Lab 颜色模式

5. 位图模式

位图模式用两种颜色（黑和白）来表示图像中的像素。位图模式的图像也叫黑白图像。由于位图模式只用黑白色来表示图像的像素，当将图像转换为位图模式时会丢失大量细节，因此 Photoshop 提供了几种算法来模拟图像中丢失的细节。在宽度、高度和分辨率相同的情况下，位图模式的图像尺寸最小，约为灰度模式的 1/7 和 RGB 模式的 1/22 以下。当图像转为位图模式后，只有一个图层和一个通道，而且色彩调整和滤镜等图像调整命令全部被禁用。

6. 灰度模式

灰度模式可以使用多达 256 级灰度来表现图像，使图像的过渡更平滑细腻，类似于

图 6.3　灰度模式图像

黑白照片的效果，如图 6.3 所示。灰度图像的每个像素有一个 0（黑色）到 255（白色）之间的亮度值。灰度值也可以用黑色油墨覆盖的百分比来表示（0%等于白色，100%等于黑色）。在某些情况下，必须先将图像转换成灰度模式后才能再转换成其他模式。例如，必须先将图像转换成灰度模式才能再转换成位图模式。反之，位图模式也可以转换成灰度模式，而彩色图像都可以转换成灰度模式。使用灰度扫描仪产生的图像通常以灰度显示。

7. 索引颜色模式

索引颜色模式是网络和动画中常用的图像模式，在这种模式下只能存储一个 8 位深度的图像文件，所以将彩色图像转换为索引颜色的图像后，包含近 256 种颜色。索引颜

色图像包含一个颜色表，如果原图像中颜色不能用 256 色表现，则 Photoshop 会从可使用的颜色中选出最相近的颜色来模拟这些颜色，这样可以减小图像文件的尺寸。颜色表用来存放图像中的颜色并为这些颜色建立颜色索引，颜色表可在转换的过程中定义或在生成索引图像后修改。

图 6.4　索引颜色模式图像

能够转换成索引颜色模式的图像只能是灰度或 RGB 图像。将图像转换成索引模式，会减少图像中的颜色，如图 6.4 所示。

6.2　图像的颜色分布

一幅好的图像设计作品对色彩的要求是十分苛刻的，若想更好地调整图像的颜色，应更好地对图像的色彩有个全面的认识与了解，再根据需要作出正确的判断与修正，使作品达到一个理想的效果。在 Photoshop 中，主要通过"信息"面板和"直方图"面板来查看图像的颜色分布。

1．信息面板

当鼠标指针在图像上移动时，"信息"面板中将显示经过各像素点的准确颜色值。打开各种色彩调整对话框，"信息"面板会显示像素调整前和调整后的颜色值，如图 6.5 所示。例如，偏色图像一般中性色都有问题，可以大致根据感觉确定什么颜色是中性色，在这一点做个标记，然后从"信息"面板观察它的 RGB 值，看看 3 种颜色的偏差有多大，然后用曲线或其他色彩调整方案进行调整，使其 RGB 值趋向平衡。

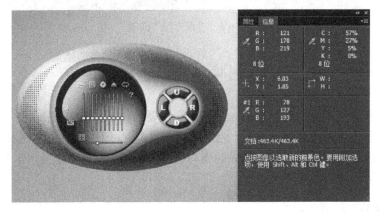

图 6.5　"信息"面板

2．直方图面板

直方图面板可以了解图像的色调分布情况，用图形的形式表示图像每个亮度级别处的像素数量，为校正色调和颜色提供依据，如图 6.6 所示。直方图面板主要包含平均值、标准偏差、中间值、像素、高速缓存级别、色阶、数量、百分位等信息。例如，平均值较低时意味着图像整体偏暗，可以调整图像的亮度使平均值接近 128，使图像亮度趋于正常。

1）平均值：是指图像的平均亮度值，根据这个数值可以大致判断图像整体偏暗还是偏亮，以 128 为中间值，值越高则表示图像整体偏亮，值越低则表示图像整体偏暗。

2）标准偏差：指图像中所有像素的亮度值与平均值之间的偏离幅度，是一种度量数据分布分散程度的标准。在 Photoshop 直方图中标准偏差越小，图像的对比度越小，反之对比度越大。

3）中间值：是将图像中所有像素的亮度值从小到大排列后位置在最中间的数值，即将数据分成两部分，一部分大于该数值，一部分小于该数值。如果像素是偶数，有两个位于中间的数，则取前面的一个。

4）像素：表示用于计算直方图的像素总数。

5）色阶：表示鼠标指针所在位置的亮度值，亮度值的范围是[0～255]。

6）数量：鼠标指针所在位置的像素数量。

7）百分位：从最左边到鼠标指针位置的所有像素数量除以图像像素总数。当拖动鼠标，选中直方图的一段范围时，色阶、数量、百分位将显示选中范围的统计数据。

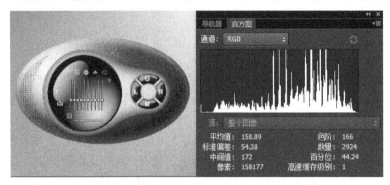

图 6.6 "直方图"面板

6.3 图像色彩与色调的调整

调整色彩与色调是图像处理中非常实用和重要的内容，Photoshop 提供了非常丰富且强大的色彩与色调调整功能，如"色阶""曲线""色彩平衡""色相/饱和度"等命令，不仅可以修改相片在拍摄过程中造成的光与色彩的不足，还可以调整出丰富多彩的特殊图像效果。

6.3.1 图像的自动调整功能

Photoshop 提供了许多调整图像的功能，对于不熟悉调整功能的新手来说，自动调整功能以帮助用户自动调整图像的亮度、颜色与色调等。如图 6.7 所示，这幅图像直观看来存在很多问题，如曝光不足，整体偏暗，还存在偏色等。分析这幅图像的直方图，如图 6.8 所示。图像的最暗点没有达到全黑，图像的最亮点也没有达到全白，存在曝光不足的现象，且平均值偏低，图像整体偏暗。这样的图像就很有调整的必要，可以使用 Photoshop 提供的自动调整功能对其进行调整。

图 6.7　"沙漠"素材　　　　　　图 6.8　"沙漠"图像"直方图"面板

1. 自动色调

使用"自动色调"命令可以自动调整图像中的暗部和亮部。对每个颜色通道进行调整，将每个颜色通道中最亮和最暗的像素调整为纯白和纯黑，中间像素值按比例重新分布。由于"自动色调"命令单独调整每个通道，所以可能会移去颜色或引入色偏。

实例 6.1　使用"自动色调"命令调整图像。

打开"Photoshop 源文件与素材\第 6 章\沙漠.jpg"（见图 6.7），选择"图像"→"自动色调"命令，调整后的效果和直方图如图 6.9 和图 6.10 所示。使用"自动色调"命令调整后的平均值较高，图像偏亮，且有偏色现象。

 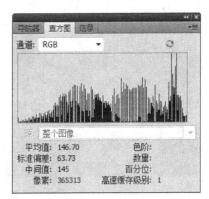

图 6.9　"沙漠"素材　　　　　图 6.10　调整自动色调后的"直方图"面板

2. 自动对比度

使用"自动对比度"命令可以自动调整图像中颜色的对比度。由于"自动对比度"命令不单独调整通道，所以不会增加或消除色偏问题。"自动对比度"命令将图像中最亮和最暗的像素映射到白色和黑色，使高光显得更亮而暗调显得更暗。

实例 6.2　使用"自动对比度"命令调整图像。

打开"Photoshop 源文件与素材\第 6 章\沙漠.jpg"（见图 6.7），选择"图像"→"自动对比度"命令，调整后的效果和直方图如图 6.11 和图 6.12 所示。

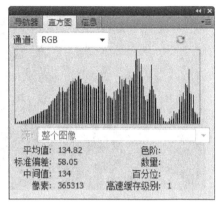

图 6.11　自动对比度调整效果　　　　图 6.12　调整自动对比度后"直方图"面板

3. 自动颜色

使用"自动颜色"命令可以通过搜索实际像素来调整图像的色相饱和度，使图像颜色更为鲜艳。

实例 6.3　使用"自动颜色"命令调整图像。

打开"Photoshop 源文件与素材\第 6 章\沙漠.jpg"（见图 6.7），选择"图像"→"自动颜色"命令，调整后的效果和直方图如图 6.13 和图 6.14 所示。

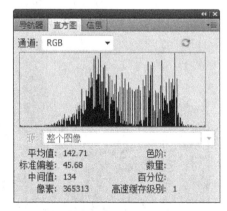

图 6.13　自动颜色调整效果　　　　图 6.14　调整自动颜色后"直方图"面板

6.3.2　图像的高级调整功能

1. 亮度/对比度

亮度（Lightness）是颜色的一种性质，用来表示与颜色的明亮程度有关系的色彩空间的一个维度。在 Lab 颜色模式中，亮度被定义为反映人类的主观明亮感觉。对比度指的是一幅图像中明暗区域最亮的白和最暗的黑之间不同亮度层级的测量，差异范围越大代表对比度越大，差异范围越小代表对比度越小。对比度对视觉效果的影响非常关键，一般来说对比度越大，图像越清晰醒目，色彩也越鲜明艳丽；而对比度小，则会让整个画面灰蒙蒙的。高对比度对于图像的清晰度、细节表现、灰度层次表现有很大帮助。相对而言，在色彩层次方面，高对比度对图像的影响并不明显。"亮度/对比度"命令主要对图像的每个像素的亮度或对比度进行整体调整，此调整方式很方便，但不适用于较复杂的图像，因为可能会丢失某些像素信息。也可以使用"自动对比度"命令使系统自动调整图像中颜色的总体对比度和混合颜色。

实例 6.4　使用"亮度\对比度"命令调整图像。

① 打开"Photoshop 源文件与素材\第 6 章\宝宝.jpg"，如图 6.15 所示，查看其直方图，如图 6.16 所示，发现图像有明显的曝光过度现象，且整体图像偏亮。

② 选择"图像"→"调整"→"亮度\对比度"命令，弹出"亮度\对比度"对话框，拖动对话框中的亮度滑块和对比度滑块，减少图像的亮度，调整的同时观察直方图的变化，以免调整过度。调整后的效果和调整参数值如图 6.17 和图 6.18 所示，可以从宝宝的衣服上看到更多的细节。

图 6.15　"宝宝"素材

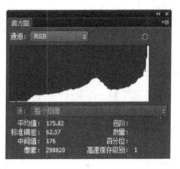

图 6.16　"宝宝"素材"直方图"面板

图 6.17　亮度\对比度调整效果

图 6.18　"亮度\对比度"参数调整

2. 色阶

色阶是表示图像亮度强弱的指数标准，即通常说的色彩指数，在数字图像处理教程中，指的是灰度分辨率（又称灰度级分辨率或者幅度分辨率）。图像的色彩丰满度和精细度是由色阶决定的。色阶图只是一个直方图，用横坐标标注特性值，纵坐标标注频数或频率值，各组的频数或频率的大小用直方柱的高度表示。在数字图像中，色阶图是说明照片中像素色调分布的图表，用做调整图像基本色调的直观参考。可以使用"色阶"命令调整图像的阴影、中间调和高光的强度级别，从而校正图像的色调范围和色彩平衡。

实例 6.5 使用"色阶"命令调整图像。

① 打开"Photoshop 源文件与素材\第 6 章\沙漠.jpg"（见图 6.7）。

② 选择"图像"→"调整"→"色阶"命令，打开"色阶"对话框，如图 6.19 所示。在"输入色阶"设置中可以看到黑、白、灰 3 个滑块，这 3 个滑块分别代表阴影、中间调和高光。

③ 将黑色滑块拖动到分布图的最左端，表示将图像的最暗点对应到全黑，所以阴影会变得更暗，但高光保持不变。

④ 把白色滑块拖动到分布图最右端，表示将图像的最亮点对应到全白，这时亮部会变得更亮，但阴影保持不变。

⑤ 灰色滑块代表中间调，当调整黑色和白色滑块时，灰色滑块也会跟着移动，目的是保持高光和阴影的均衡。如果希望图像更亮，可以将灰色滑块向左移动，相反，可以向右移动滑块。本例图像过亮，因此可以将灰色滑块向右移动，图像将变暗，效果如图 6.20 所示。

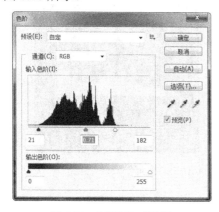

图 6.19 "色阶"对话框

图 6.20 色阶调整效果

3. 曲线

曲线被誉为"调色之王"，选择"图像"→"调整"→"曲线"命令，弹出"曲线"对话框，如图 6.21 所示。它的色彩控制能力在 Photoshop 所有调色工具中是最强大的。它可以对图像的亮调、中间调和暗调进行适当调整，其最大的特点是可以对某一范围内的图像进行色调的调整，而不影响其他图像的色调。曲线过渡点平滑，在一次操作中就可以精确地完成图像整体或局部的对比度、色调范围及色彩的调节，甚至可以让很糟的图片重新焕发光彩。

提示： 黑、白、灰场吸管的使用方法和色阶内容基本相同。

曲线图形的水平轴表示输入色阶，垂直轴表示输出色阶。曲线在初始状态下色调范围显示为 45 度的对角基线，因为输入色阶和输出色阶是完全相同的。默认的网格把曲线分为 4 份，按【ALT】键的同时单击网格可将曲线分为 10 等份，利于精确调节区域

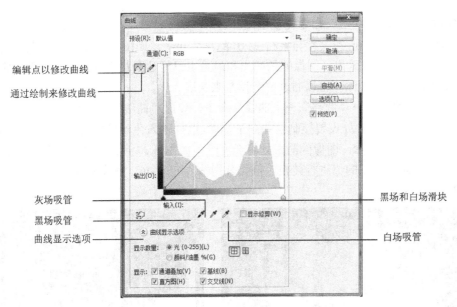

图 6.21　"曲线"对话框

的色调。按【Crtl】键并单击图像区域可以建立新的调节点，直接在基线上单击也可以建立新的调节点。当不需要调节点时可以选中该点按【Delete】键删除该点，或者直接从图形中拖出。

在"预设"的下拉列表中可以按预设的选项选择调整的方案，包括彩色负片、反冲、较暗、增加对比度等选项，用户可根据调整的需求进行选择。用户还可以在各个单色通道里细致的调整某一范围的颜色，如图 6.22 所示。

用调节点带动曲线向上或向下移动，将会使图像变亮或变暗。曲线中较陡的部分表示对比度较高的区域；曲线中较平的部分表示对比度较低的区域。可以利用上下、左右方向键精确调节。当需要同时调整多个点时，按【Shift】键并逐一单击曲线上的点。选定的点成为黑色时，即能同时控制，如图 6.23 所示。

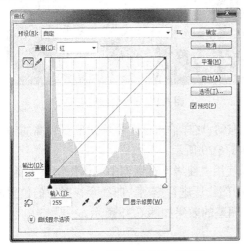

图 6.22　红通道"曲线"对话框

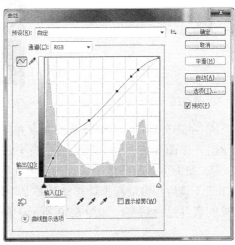

图 6.23　RGB"曲线"对话框

实例 6.6　使用"曲线"命令调整图像。

① 打开"Photoshop 源文件与素材\第 6 章\花朵.jpg",如图 6.24 所示。从图像的直方图(图 6.25)中可以看出,图像的最亮点和最暗点已经达到最白和最黑,若希望它的对比度更强,使其更立体,可以通过曲线调整来实现。

② 打开"图像"→"调整"→"曲线"命令,弹出"曲线"对话框。

③ 单击曲线的 1/4 处设置控制点并向下拖动,这样输入色阶值将对应到较低的输出色阶值,如图 6.26 所示,图像的阴影处将会变暗,如图 6.27 所示。也可以直接在输入输出文本框中输入相应的值进行转换,例如分别输入 65、46,就表示将输入色阶 65 转换成输出色阶 46。

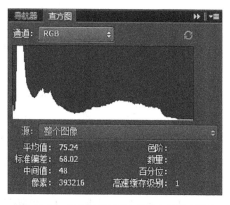

图 6.24　"花朵"素材　　　　　　　　图 6.25　"花朵"素材"直方图"面板

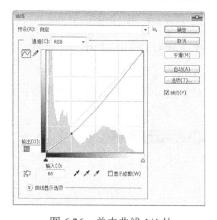

图 6.26　单击曲线 1/4 处　　　　　　　图 6.27　曲线变暗

④ 单击曲线的 3/4 处设置控制点并向上拖动,这样输入色阶值将对应到较高的输出色阶值,如图 6.28 所示,图像将会变亮,如图 6.29 所示。

⑤ 如果想调整图像中局部的亮度,可以使用"曲线"对话框中的图像调整工具 ,选择此工具后,将鼠标指针移动到花朵中的局部位置进行拖动,曲线会在对应的位置添加控制点并进行调整,如图 6.30 所示,最后调整的效果如图 6.31 所示。

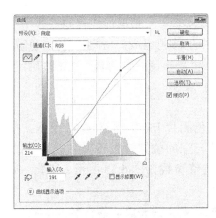

图 6.28　单击曲线 3/4 处

图 6.29　曲线变亮

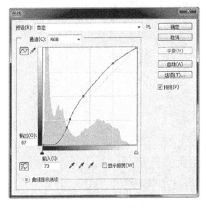

图 6.30　调整曲线

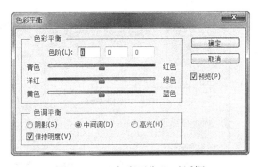

图 6.31　调整图像局部亮度

4. 色彩平衡

色彩平衡是 Photoshop 中一个重要环节。通过对图像的色彩平衡处理，可以校正图像色偏、过饱和或饱和度不足的情况，也可以根据自己的喜好和制作需要，调整需要的色彩，更好的完成画面效果。

选择"图像"→"调整"→"色彩平衡"命令，或者按【Ctrl+B】组合键打开"色彩平衡"对话框，如图 6.32 所示。

图 6.32　"色彩平衡"对话框

"色彩平衡"命令可以用来控制图像的颜色分布，要减少某个颜色，就增加这种颜色的补色，其计算速度快，适合调整较大的图像文件。使用"色彩平衡"命令可以进行一般的色彩校正，改变图像颜色的构成，但不能精确控制单个颜色通道的成分。首先需要在"色调平衡"选项栏中选择想要重新进行更改的色调范围，其中包括阴影、中间调和高光 3 个区域。通常，在调整 RGB 色彩模式的图像时，勾选项栏下面的"保持明度"复选框即可保持图像的光度值。在"色彩平衡"里的色阶数值文本框中输入数值或移动三角滑块实现。三角形滑块移向需要增加的颜色，或是拖离想要减少的颜色，就可以改变图像中的颜色组成，与此同时，"色阶"里的 3 个文本框中的数值会在 0～100 之间不断变化。将色彩调整到满意，单击"确定"按钮即可。

　　实例 6.7　使用"色彩平衡"命令修正色偏。

　　打开文件"Photoshop 源文件与素材\第 6 章\偏蓝色图片.jpg"，如图 6.33 所示，使用吸管工具，同时按【Shift】键单击图片中本应是天空的位置，发现蓝色值偏高，如图 6.34 所示。使用"色彩平衡"命令调整，设置调整参数如图 6.35 所示，使 R、G、B 的值接近，调整后的效果如图 6.36 所示。

图 6.33　"偏蓝色图片"素材

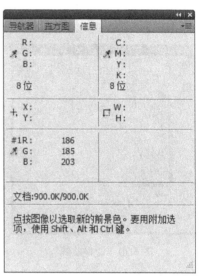

图 6.34　"信息"面板

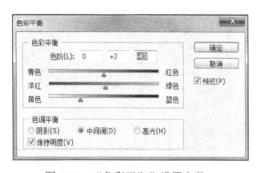

图 6.35　"色彩平衡"设置参数

图 6.36　色彩平衡调整效果

5. 照片滤镜

　　照片滤镜功能是模仿摄影上用来平衡色温的彩色滤镜。照片滤镜可以校正色彩偏差，还原照片的真实色彩，还可用来渲染特殊氛围。

实例 6.8　使用"照片滤镜"命令修正色偏。

① 打开文件"Photoshop 源文件与素材\第 6 章\水.jpg",如图 6.37 所示,使用"吸管工具",同时按【Shift】键单击图片中白色雪地的位置,发现蓝色值偏高,如图 6.38 中 B 的第一个值。这里用照片滤镜对其进行调整。

② 选择"图像"→"调整"→"照片滤镜"命令,弹出"照片滤镜"对话框,选择"滤镜"下拉列表中的"加温滤镜(81)",调整浓度为54%,勾选"保留明度"复选框,使其亮度保持不变,如图 6.39 所示,调整效果如图 6.40 所示。

图 6.37　"水"素材

图 6.38　"信息"面板

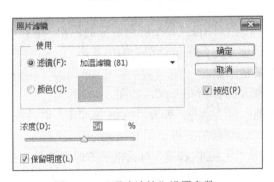

图 6.39　"照片滤镜"设置参数

图 6.40　"照片滤镜"调整效果

6. 饱和度

饱和度是指色彩的纯度,纯度越高,表现越鲜明;纯度较低,表现则较黯淡。色彩饱和度表示光线的彩色深浅度或鲜艳度,取决于彩色中的白色光含量,白光含量越高,彩色光含量越低,色彩饱和度就越低,反之亦然。其数值为百分比介于 0%~100% 之间。纯白光的色彩饱和度为 0,纯彩色光的饱和度为 100%。Photoshop 中可以通过"自然饱和度"命令来调整图像的色彩饱和度。若单独调整饱和度,则表示所有颜色作等量的调整;而调整自然饱和度,则会分辨颜色目前饱和度的状况,仅针对饱和度较低的颜色增加饱和度，避免趋近饱和的颜色发生过饱和。

实例 6.9　使用"自然饱和度"命令调整图像饱和度。

① 打开文件"Photoshop 源文件与素材\第 6 章\花.jpg"，如图 6.41 所示。这幅图像的花朵颜色暗淡，可以通来调整饱和度来恢复其艳丽的颜色。

② 选择"图像"→"调整"→"自然饱和度"命令，弹出"自然饱和度"对话框，如图 6.42 所示。分别将"自然饱和度"滑块和"饱和度"滑块调整到 50。使用"自然饱和度"命令可以降低颜色发生过饱和的概率。调整后的效果如图 6.43 所示。

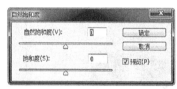

图 6.41　"花"素材　　　图 6.42　"自然饱和度"对话框　　　图 6.43　饱和度调整效果

7. 色相/饱和度

色相是彩色图像的最大特征。色相是指能够比较具体地表示某种颜色类别的名称，如玫瑰红、橘黄、柠檬黄、钴蓝、群青、翠绿等。从光学物理上讲，各种色相是由射入人眼的光线的光谱成分决定的。对于单色光来说，色相完全取决于该光的波长；对于混合色光来说，则取决于各种波长光的相对量。物体的颜色是由光源的光谱成分和物体表面反射（或透射）的特性决定的。

使用"色相/饱和度"命令可以精确地调整整幅图像或单个颜色成分的色相、饱和度和明度。此命令还可以用于 CMYK 模式中，便于将颜色值调整为输出状态。

实例 6.10　使用"色相/饱和度"命令调整图像。

① 打开文件"Photoshop 源文件与素材\第 6 章\荷花.jpg"，如图 6.44 所示。

② 选择"图像"→"调整"→"色相/饱和度"命令，弹开"色相/饱和度"对话框，调整"全图"色相值为 70，如图 6.45 所示，调整后的效果如图 6.46 所示。

这里调整的是整幅图像的色相值，可以从"色相/饱和度"对话框下方的色谱信息中得出，原来图像中的粉红色变成了黄色，原来的绿色变成了蓝色。这种信息从效果图中也可以看到。但如果只调整花的颜色，而不想调整绿叶的颜色，可以在"全图"下拉列表中选择"洋红"，设置色相值为 54，如图 6.47 所示，调整效果如图 6.48 所示。

提示：在选择单色调整色相时，可以用预设的颜色，如红色、黄色、绿色、洋红等，也可以使用对话框中的吸管工具，在图像上单击想要调整的颜色位置，再继续调整。

如果想把图像整体调整为一种色调，可以勾选"着色"复选框，调整"色相"和"饱和度"的值为 44 和 25，效果如图 6.49 所示。

图 6.44　"荷花"素材

图 6.45　调整全图色相值

图 6.46　全图调整效果

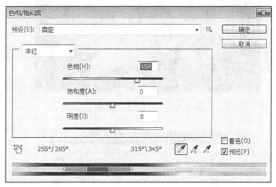

图 6.47　调整单色色相值

图 6.48　单色调整效果

图 6.49　着色效果

8. 匹配颜色

匹配颜色用于一幅或多幅图像之间，可以快速调整图像的整体颜色，在图像合成时可以将某一图层的颜色融入其他图层中，或者将某一图像作为调光的基本文件，用匹配颜色对其他图像进行调整。

实例 6.11　使用"匹配颜色"命令调整图像颜色。

① 打开文件"Photoshop 源文件与素材\第 6 章\花 1.jpg、花 2.jpg"，如图 6.50 和

图 6.51 所示。

② 选择 "花 1" 素材，选择 "图像" → "调整" → "匹配颜色" 命令，弹出 "匹配颜色" 对话框，在 "源" 的列表中选择 "花 2" 作为匹配的源文件，在 "图层" 列表中选择 "背景" 作为匹配图层。在 "图像选项" 区域设置明亮度为 150，颜色强度为 120，渐隐为 20，如图 6.52 所示，效果如图 6.53 所示。

图 6.50 "花 1" 素材

图 6.51 "花 2" 素材

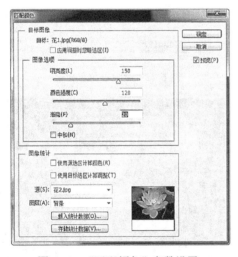

图 6.52 "匹配颜色" 参数设置

图 6.53 匹配颜色调整效果

9. 可选颜色

可选颜色主要用于校正图像中的色彩不平衡和调整图像的色彩，它可以在高档扫描仪和分色程序中使用，并有选择地修改主要颜色的印刷数量，并且不会影响其他主要颜色。

实例 6.12 使用 "可选颜色" 命令调整图像颜色。

① 打开文件 "Photoshop 源文件与素材\第 6 章\黄衣女孩.jpg"，如图 6.54 所示。

② 选择 "图像" → "调整" → "可选颜色" 命令，弹出 "可选颜色" 对话框，在 "颜色" 下拉列表中选择 "黄色"，调整洋红的值为 100%，在 "方法" 中勾选 "绝对" 单选按钮，如图 6.55 所示，调整之后的效果如图 6.56 所示。图像中女孩的头饰和衣服

调整成了洋红色，其他颜色没有变化。

图 6.54　"黄衣女孩"素材　　图 6.55　"可选颜色"参数设置　　图 6.56　可选颜色调整效果

10. 替换颜色

"替换颜色"可以基于特定的颜色在图像中创建蒙版，再通过设置色相、饱和度和明度值来调整图像的色调。

实例 6.13　使用"替换颜色"命令替换图像色调。

① 打开文件"Photoshop 源文件与素材\第 6 章\秋叶女孩.jpg"，如图 6.57 所示。

② 选择"图像"→"调整"→"替换颜色"命令，弹出"替换颜色"对话框，选择吸管工具 🖉，在女孩衣服的位置单击，调整"颜色容差"值为 151，但选区在预览中并不完全，这时可以选择另一个吸管工具 🖉 添加选区，直到选区范围确定，调整"色相"值为 114，在"结果"中会看到调整之后的颜色。也可以调整相应选区的"饱和度"和"明度"，如图 6.58 所示。调整效果如图 6.59 所示。

图 6.57　"秋叶女孩"素材　　图 6.58　"替换颜色"设置参数　　图 6.59　色调调整效果

11. 阴影/高光

"阴影/高光"命令适用于校正由强光、逆光而形成阴影的照片，或者校正由于太接近闪光灯而有些发白的焦点。

提示： 在 CMYK 模式的图像中不能使用该命令。

实例 6.14　运用"阴影/高光"命令调整图像。

① 打开文件"Photoshop 源文件与素材\第 6 章\逆光女孩.jpg"，如图 6.60 所示。

② 选择"图像"→"调整"→"阴影/高光"命令，弹出"阴影/高光"对话框，设置"阴影"的数量为 50%，如图 6.61 所示。调整效果如图 6.62 所示。

图 6.60　"逆光女孩"素材

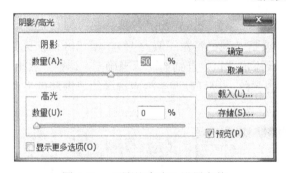

图 6.61　"阴影/高光"设置参数

图 6.62　逆光调整效果

6.3.3　图像的特殊调整功能

"黑白""反相""去色""色调均化"等命令都可以更改图像中颜色的亮度值，通常这些命令只适用于增强颜色与产生特殊效果，而不用于校正颜色。

1. 黑白

"黑白"命令可以将彩色图像转换为具有艺术效果的黑白图像，也可以根据需要将图像调整为不同单色的艺术效果。

实例 6.15　使用"黑白"命令制作单色图像。

① 打开素材文件"Photoshop 源文件与素材\第 6 章\夏日时光.jpg"，如图 6.63 所示。

② 选择"图像"→"调整"→"黑白"命令，弹出"黑白"对话框，保持各参数值为默认设置，如图 6.64 所示。单击"确定"按钮，即可制作黑白图像，效果如图 6.65 所示。

图 6.63　"夏日时光"素材

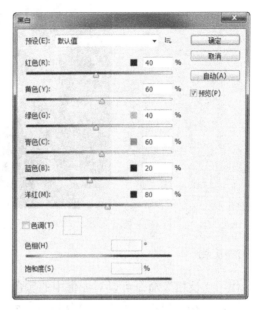

图 6.64　"黑白"对话框

如果勾选"色调"复选框，将色调设置为 40%，如图 6.66 所示，单击"确定"按钮，将会出现老照片的效果，如图 6.67 所示。

图 6.65　黑白图像

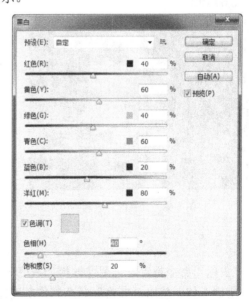

图 6.66　"黑白"设置色调参数

图 6.67　单色图像

2. 反相

使用"反相"命令可以对图像中的颜色进行反相，与传统相机中的底片效果相似。

实例 6.16　使用"反相"命令制作底片效果。

① 打开素材文件"Photoshop 源文件与素材\第 6 章\枫叶.jpg"，如图 6.68 所示。

② 选择"图像"→"调整"→"反相"命令，即可对图像的颜色进行反相，效果如图 6.69 所示。

图 6.68　"枫叶"素材

图 6.69　枫叶反相效果

3. 去色

"去色"命令是将彩色图像转换为灰度图像，但图像的原颜色模式保持不变。

实例 6.17　使用"去色"命令制作灰度图像。

① 打开素材文件"Photoshop 源文件与素材\第 6 章\气球.jpg"，如图 6.70 所示。

② 选择"图像"→"调整"→"去色"命令，即可对图像进行去色，效果如图 6.71 所示。

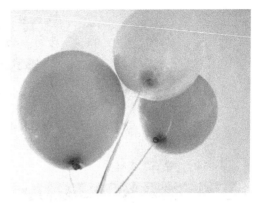

图 6.70 "气球"素材　　　　　　　　　图 6.71 气球灰度图像效果

4. 色调均化

"色调均化"命令可以对图像中的整体像素进行均匀的提亮，也会增强图像的饱和度。

实例 6.18 使用"色调均化"命令调整图像。

① 打开素材文件"Photoshop 源文件与素材\第 6 章\草原.jpg"，如图 6.72 所示。

② 选择"图像"→"调整"→"色调均化"命令，即可对图像整体进行色调均化，效果如图 6.73 所示。

图 6.72 "草原"素材　　　　　　　　　图 6.73 色调均化调整效果

5. 渐变映射

"渐变映射"命令可将相等的图像灰度范围映射到指定的渐变填充色。

实例 6.19 使用"渐变映射"命令为图像加色。

① 打开素材文件"Photoshop 源文件与素材\第 6 章\钻石.jpg"，如图 6.74 所示。

② 选择"图像"→"调整"→"渐变映射"命令，弹出"渐变映射"对话框，如图 6.75 所示。打开"灰度映射所用的渐变"渐变条的下拉列表，选择从前景色到背景色渐变，再单击此渐变条，在弹出的"渐变编辑器"对话框中，设置蓝色的参数值为 R：0，G：0，B：140，如图 6.76 所示，单击"确定"按钮，可将设置的渐变色应用到图像中，效果如图 6.77 所示。

图 6.74 "钻石"素材　　　　　　　　　　图 6.75 "渐变映射"对话框

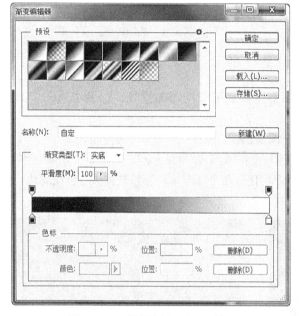

图 6.76 "渐变编辑器"对话框　　　　　　图 6.77 钻石加色效果

6. 色调分离

　　色调分离是按照色阶的数量把颜色近似分配。例如，选择色阶数字为 3 的时候通道中的每种单色分为 3 个层次，红色通道把白色到红色过渡中的所有颜色三等分，每一等分归到一个单一的颜色，这样就可以得到有阶梯效果的图片。当然色阶数值越大，这种阶梯效果越不明显。色调分离可以作出一些类似矢量图的效果，使图像具有艺术感。

　　实例 6.20　使用"色调分离"命令制作艺术效果图像。

　　① 开素材文件"Photoshop 源文件与素材\第 6 章\夏日阳光.jpg"，如图 6.78 所示。

　　② 选择"图像"→"调整"→"色调分离"命令，弹出"色调分离"对话框，设置"色阶"值为 9，如图 6.79 所示。单击"确定"按钮，效果如图 6.80 所示。

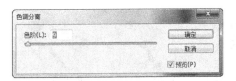

<table>
<tr><td>图 6.78　"夏日阳光"素材</td><td>图 6.79　"色调分离"参数设置</td><td>图 6.80　色调分离效果</td></tr>
</table>

7. 颜色查找

颜色查找用于颜色调整，可以实现高级色彩变化，这是 Photoshop CS6 的新增功能。用户可以根据自己的需求使用调整图层来创建自定义颜色效果，并创建 3D LUTs 颜色查找表，LUT 是 lookup table 的缩写，而 3D LUTs，即是三维 LUT，其每一个坐标方向都有 RGB 通道，可以映射并处理所有的色彩信息。不管是存在还是不存在的色彩，甚至一些胶片达不到的色域，都能映射出来。用户可以根据自己的需求创建 3D LUTs，并可在 Photoshop、Premiere Pro 和 After Effects 中通过 3D LUTs 对图片、视频进行颜色调整。

① 选择"图像"→"调整"→"颜色查找"命令，弹出"颜色查找"对话框，如图 6.81 所示。

② 选择"载入 3D LUT…"选项，在其下拉列表中有多种 LUTs 可以选择，如图 6.82 所示。图 6.83 是不同 LUTs 选项调整图像的效果。

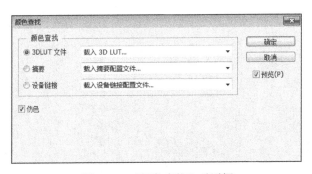

<table>
<tr><td>图 6.81　"颜色查找"对话框</td><td>图 6.82　3D LUTs 文件列表</td></tr>
</table>

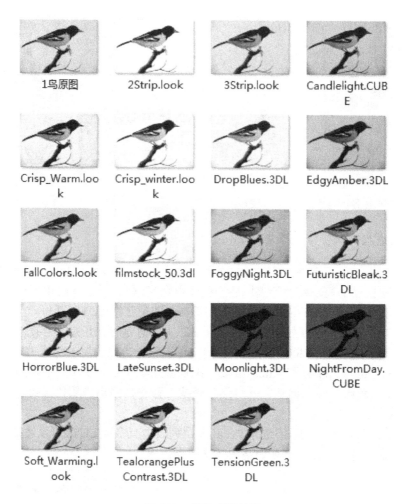

图 6.83　颜色查找效果

第7章　路径与形状

在介绍路径之前，需先了解位图与矢量图的概念，说明矢量图的特性，以便在绘图中能够得心应手。

位图是将图像一点一点地绘制出来，即每个点是构成图像的基本元素，称其为像素。它的缺点是在缩放图像时，图像的精细程度会变差。例如，当把照片放大到一定程度，一些物体边缘就会出现一些类似锯齿的点。矢量图只记录图形的形状、位置及大小，再利用数学公式来描绘图形，如直线只记录线段两个端点的位置，圆形只需记录圆心坐标和半径即可。这种矢量图记录的方式，不论如何缩放图形都不会影响其精细度。

图 7.1　矢量图形

路径是矢量图形，无论放大或缩小图像，都不会影响其分辨率和平滑度，而且可以保持清晰的图像边缘。使用路径工具可以绘制各种形状的矢量图形，并且可以创建精确的选区。图 7.1 是使用路径绘制的两个矢量图形，宽度分别为 100 像素和 700 像素，从中可以看出这两个图形的分辨率和平滑度都很好。

7.1　路　径　概　念

路径是由一个或多个直线段或曲线段组成的，用来连接线段的点叫锚点。曲线路径上的锚点包含方向线，方向线的端点为方向点，方向线和方向点的位置决定了曲线的曲率和形状，移动方向点能够改变方向线的长度和方向，从而改变曲线的形状，如图 7.2 所示。

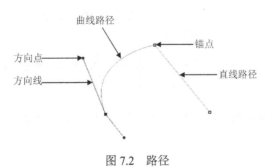

图 7.2　路径

7.2 路 径 面 板

路径面板是保存和管理路径的工具，其中显示的是当前工作路径、存储路径和

图 7.3 "路径"面板

当前矢量蒙版的名称及缩览图。此面板可以完成路径的基本操作和编辑。选择"窗口"→"路径"命令，即可打开"路径"面板，如图 7.3 所示。

"路径"面板中的选项说明如下。

1）路径：当前文件中所包含的路径。

2）工作路径：在绘制路径时，"路径"面板内会自动生成工作路径，也是当前图像文件中包含的临时路径。如果没有存储，则取消当前路径的选择，再绘制新的路径时，新的工作路径将替代原路径。

3）矢量蒙版：当前文件中包含的矢量蒙版。

4）![icon]：用前景色填充路径。

5）![icon]：用画笔工具设置前景色对路径进行描边。

6）![icon]：可以将路径转换为选区。

7）![icon]：可以将选区转换为路径。

8）![icon]：用于创建一条新路径。

9）![icon]：删除所选择的路径。

"路径 1"是已经存储的路径，"工作路径"是当前图像文件的临时路径，"图层 1 矢量蒙版"是在"图层 1"中用"路径"命令创建的"矢量蒙版"。

7.3 绘 制 路 径

绘制路径的工具主要包括钢笔工具、自由钢笔工具、添加锚点工具、删除锚点工具和转换点工具，如图 7.4 所示。

图 7.4 钢笔工具组中的工具

1. 钢笔工具

（1）钢笔工具选项栏

钢笔工具 ![icon] 是绘制路径最基本的工具，其选项栏如图 7.5 所示。选项栏中的各项说明如下。

图 7.5 钢笔工具选项栏

1）![路径]：在其下拉列表中包括"形状""路径"和"像素"3 个钢笔工具模式，如图 7.6 所示。

2）▭选区▭：建立选区，设置选区的羽化半径。

3）▭蒙版▭：新建矢量蒙版。

4）▭形状▭：新建形状图层。

5）▭：钢笔工具路径操作菜单，包括"新建图层""合并
形状""减去顶层形状""与形状区域相交""排除重叠形状""合
并形状组件"6个形状操作模式，如图7.7所示。

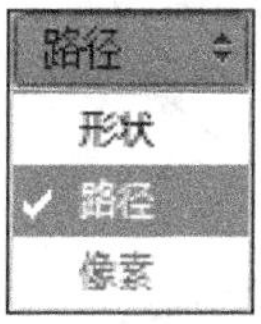

图 7.6 "路径"选项列表

6）▭：路径对齐方式菜单，包括 10 种路径对齐方式，如图 7.8 所示。

7）▭：路径排列方式菜单，包括"将形状置于顶层""将形状前移一层""将形状
后移一层""将形状置为底层"4 种路径排列方式，如图 7.9 所示。

图 7.7 钢笔工具路径操作菜单

图 7.8 路径对齐方式菜单

图 7.9 路径排列方式菜单

8）▭橡皮带▭：勾选该选项复选框，可以依据节点与钢笔光标间的线段标识下一条路
径的走向。

9）☑自动添加/删除：勾选该选项复选框，可以在单击线段时添加锚点，或者在单击锚点
时删除该节点。

（2）绘制直线路径

路径可以是闭合的也可以是开放的，选择钢笔工具，且在"路径"选项列表中选择
"路径"命令，在要绘制的图层上单击新建一个起始锚点，移动到下一个位置再"单击"
即可确定下一个锚点，此时得到的是一条直线。继续在其他位置单击并确定其他锚点，
即可得到想要的路径。

实例 7.1 使用钢笔工具绘制直线路径。

① 新建 500 像素×300 像素的 RGB 图像。

② 选择工具箱中的钢笔工具▭，在"选项"列表中选择"路径"命令，然后在文件
窗口中单击，即可创建新的锚点，连续两个锚点之间会以线段连接形成路径，再继续设置
其他锚点，最后按【ESC】键即可完成路径的绘制。

③ 在其他位置单击，继续添加锚点绘制其他路径。

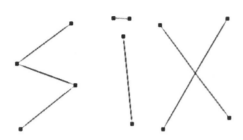

图 7.10　绘制直线路径

④ 双击"路径"面板中的"工作路径"图标，保存为"路径 1"。所建最终路径如图 7.10 所示，文件名为"Six.psd"。

（3）绘制闭合路径

以上是开放路径的绘制方法，下面介绍闭合路径的绘制，图 7.11 所示为闭合路径。

图 7.11　闭合路径

实例 7.2　使用钢笔工具绘制闭合路径。

① 新建 500 像素×300 像素的 RGB 图像。

② 选择工具箱中的钢笔工具，按照绘制直线路径的方式，绘制图 7.12 所示的星形路径。

③ 当设置完最后一个锚点时，将指针移动到起始锚点处，钢笔的右下角会出现一个小圆圈，单击即可闭合路径，如图 7.13 所示。

④ 双击"路径"面板中的"工作路径"图标，保存为"路径 1"，文件名为"星形.psd"。

（4）绘制曲线路径

直线路径能绘制的形状有限，因此曲线路径的绘制也是非常重要的。若要绘制曲线路径，先选择钢笔工具，单击定位曲线起始点，再确定第二个锚点位置并按住鼠标左键不放，此时"钢笔工具"光标会变成一个箭头形状，拖动鼠标设置要创建的曲线斜度，然后松开鼠标左键，绘制的曲线路径如图 7.14 所示。一般将方向线向计划绘制的下一个锚点延长 1/3 的距离。按【Shift】键可以将角度限定为 45 度的倍数。使用转换点工具，可以改变曲线的弧度及形状。

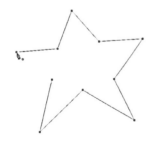

图 7.12　绘制星型路径　　　　图 7.13　星形闭合路径　　　　图 7.14　绘制曲线路径

实例 7.3　使用钢笔工具绘制心形曲线。

① 新建 20 厘米×20 厘米的 RGB 图像。

② 为了创建标准化图形，选择"视图"→"标尺"命令，并分别在 5 厘米、10 厘米、15 厘米处建立垂直参考线，在 7 厘米、15 厘米处建立水平参考线，如图 7.15 所示。

③ 选择钢笔工具，在图像上参考线的交叉位置单击，添加锚点绘制路径，如图 7.16 所示。

图 7.15　添加标尺和参考线

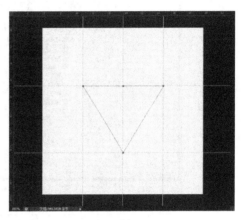

图 7.16　添加锚点绘制路径

④ 选择转换点工具，分别更改上面 3 个锚点连接线的曲度，如图 7.17 所示。

⑤ 清除参考线，并双击"路径"面板中的"工作路径"图标，保存为"路径 1"，所建最终路径如图 7.18 所示，文件名为"心形.psd"。

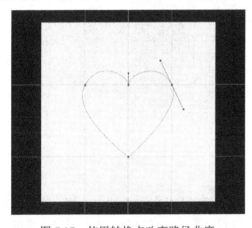

图 7.17　使用转换点改变路径曲度

图 7.18　心形路径

在绘制路径时，除了用参考线之外，还可以在文件窗口上显示网格，使绘制操作更为精确。选择"编辑"→"首选项"→"参考线、网格与切片"命令，将网格颜色设置成浅红色，再设置网格线间隔为 10 毫米，如图 7.19 所示，单击"确定"按钮。然后再选择"视图"→"显示"→"网格"命令，便可借助网格绘制精确的路径，如图 7.20 所示。

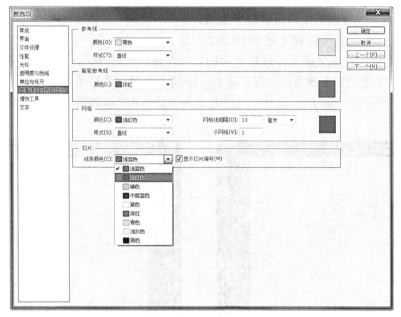

图 7.19　网格参数设置

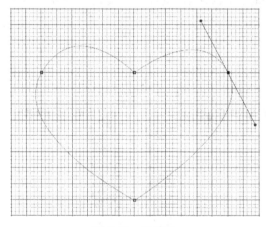

图 7.20　网格线

2. 自由钢笔工具

如果要绘制的图形有多处弯曲转折，若使用钢笔工具来绘制会比较麻烦，这时可以使用自由钢笔工具来绘制。自由钢笔工具 可以像套索工具一样自由地在图像中绘制路径。在工具箱中选择自由钢笔工具 ，工具选项栏如图 7.21 所示。在绘制的过程中，系统会自动根据曲线的走向添加适当的锚点和设置曲线平滑度。可以在"曲线拟合"文本框中输入介于 0.5～10 的数值，用于控制路径对鼠标移动的灵敏度，此数值越高，创建的路径锚点越少，路径就越简单。图 7.22 所示是使用"自由钢笔工具"绘制的图像，图 7.23 所示是描边路径之后的效果。

图 7.21　自由钢笔工具选项栏

图 7.22　自由钢笔工具绘制

图 7.23　描边路径

实例 7.4　使用自由钢笔工具绘制特殊文字效果。

① 新建 500 像素×300 像素的 RGB 图像。

② 选择工具箱中的横排文字工具 T，在文字工具栏中设置文字字体为"隶书"，字体大小为 230 点，文字颜色的参数值为（R:103，G:63，B:63），然后在图像上面输入"石"字，"图层"面板如图 7.24 所示。

③ 选择自由钢笔工具在"石"字上面绘制"山"形路径，如图 7.25 所示。

图 7.24　"图层"面板

图 7.25　绘制"山"形路径

④ 双击"路径"面板中的"工作路径"图标，保存为"山"，如图 7.26 所示。

⑤ 新建图层，设置画笔参数，使用画笔预设中的平角少毛硬毛刷画笔，设置笔头大小为 5 像素。

⑥ 选择"山"路径，单击用画笔描边路径 ○，效果如图 7.27 所示。

图 7.26　"路径"面板

图 7.27　描边路径

当图像边缘较复杂时,如果选用自由钢笔绘制,则无法精确绘制边缘路径,如图 7.28 所示。勾选"磁性的"复选框,则此时的钢笔工具为磁性钢笔工具 ,单击确定路径的起始点后,沿图像边缘移动鼠标指针,系统会根据颜色反差自动创建路径,如图 7.29 所示。在绘制时,若锚点超出想得到的选区范围,可以按【Delete】键删除锚点,重新沿边缘绘制。

图 7.28　使用自由钢笔绘制路径　　　　　图 7.29　使用磁性钢笔绘制路径

3. 添加/删除锚点工具

当绘制路径需要改动时,可以使用添加/删除锚点工具来添加或删除锚点。添加锚点与删除锚点是相反的操作。使用添加锚点工具 ,在路径上单击可以添加一个锚点,而使用"删除锚点工具" 在路径上的某个锚点上单击则可以删除该锚点。选择钢笔工具后,若勾选工具选项栏上的"自动添加/删除"复选框,将钢笔工具至于一条无锚点路径上时,钢笔工具将会变成自动添加锚点工具,而将钢笔工具移动到锚点上单击时,将自动删除该锚点。

4. 转换点工具

转换点工具 用于修改路径,使其具有弧度或没有弧度。对于没有弧度的直线路径来说,将此工具置于一个锚点上并按鼠标左键拖动,则该路径将变为有弧度的曲线路径。若使用此工具单击曲线路径上的锚点时,则可将其转换为直线路径。

7.4　编　辑　路　径

选择、复制、显示与隐藏路径是在图像处理过程中常用的操作,本节介绍编辑路径的具体方法。

1. 选择路径

对路径进行操作前,必须先选择路径,为了便于查看文档,也可以将路径进行隐藏。

（1）路径选择工具

路径选择工具 主要用于整条路径的选择,选择工具箱中的路径选择工具,在路

径上的任意位置单击，此时路径上的所有锚点呈实心显示，
表示选择了整条路径，如图 7.30 所示。此时按鼠标左键拖动
可移动路径。若在移动的过程中按【Alt】键，则可以复制此
路径。

如果当前有多条路径需要选择，一种方法是按【Shift】键
的同时依次单击要选择的路径；另一种方法是直接用鼠标在要
选择的路径范围内拖动，与虚线框交叉或者在虚线框范围内的
所有路径都将被选中。

图 7.30 路径选择

选择多条路径之后可以进行对齐、分布和组合等操作，可
以通过路径选择工具选项栏里的路径对齐方式██对多条路径进行对齐和分布操作，而
路径操作██中的"合并形状组件"功能可以将选择的路径合并在一起。

（2）直接选择工具

直接选择工具██可以选择或调整路径中的某个或几个锚点。使用直接选择工具██命
令单击路径，此时路径上的所有锚点都是空心方框显示，单击锚点可以选中该锚点，选
中的锚点将以黑色实心显示并显示方向线，如图 7.31 所示。选择多个锚点的方法与使用
路径选择工具选择多条路径的方法一样，按【Shift】键的同时依次单击要选择的锚点，
或者按鼠标左键拖动虚框选择。使用直接选择工具单击两个锚点中间的线段并拖动，可
以调整线段的形状，如图 7.32 所示。如果在选中线段后按【Delete】键，则可以删除该
线段，如图 7.33 所示。

图 7.31 直接选择

图 7.32 调整线段形状

图 7.33 删除线段

2. 复制路径

复制路径有多种方法，用户可以根据需要选择。

1）右击要复制的路径，在打开的快捷菜单中选择"复制路径"选项，弹出"复制
路径"对话框，在文本框中输入复制路径的名称，单击"确定"按钮，即可复制。

2）在"路径"面板中选择要复制的路径，按鼠标左键将其拖动到创建新路径██按
钮上，即可复制路径。

3）用路径选择工具██选择路径后，按【Alt】键用鼠标拖动来复制路径。

4）用路径选择工具██选择要复制的路径，选择"编辑"→"拷贝"命令，再选择
"编辑"→"粘贴"命令，可以粘贴路径。使用此方法可以在不同的图像之间复制路径。

3. 删除路径

在"路径"面板中选择要删除的路径，单击删除当前路径■按钮，或者直接将路径拖动到此按钮上即可删除路径。用路径选择工具选择要删除的路径，按【Delete】键也可以将其删除。

4. 显示与隐藏路径

选择路径选择工具■，在"路径"面板中单击某个路径，该路径则成为当前路径，并显示在图像窗口中，所有编辑操作只对当前路径有效。若想隐藏当前路径，可以按【Ctrl+H】组合键，或者在"路径"面板的空白处单击即可。

5. 路径与选区的转换

单击"路径"面板底部的将路径作为选区载入▦按钮或者直接按【Ctrl+Enter】组合键，即可将当前路径转换为选区。如果对建立的选区有其他要求，如羽化等，可以在"路径"面板中的某个路径上右击，在打开的快捷菜单中选择"建立选区"命令，弹出"建立选区"对话框，如图 7.34 所示，设置参数后单击"确定"按钮，建立的选区如图 7.35 所示。选区同样也可以转换为路径，创建选区后，单击"路径"面板右上角的▤按钮，在打开的菜单中选择"建立工作路径"命令，如图 7.36 所示，弹出"建立工作路径"对话框，如图 7.37 所示，在"容差"文本框中设置路径的平滑度，然后单击"确定"按钮即可创建一个新路径。

图 7.34 "建立选区"对话框

图 7.35 路径生成选区

图 7.36 路径菜单

图 7.37 "建立工作路径"对话框

6．填充路径

绘制好的闭合路径可以用前景色进行填充。

实例 7.5 用前景色填充路径。

① 打开文件"Photoshop 源文件与素材\第 7 章\心形．psd"。

② 新建"图层 1"图层。

③ 设置前景色为红色，参数值为 R：255，G：0，B：0。

④ 切换到"路径"面板。

⑤ 选择"路径 1"路径，单击"路径"面板底部的用前景色填充路径 按钮，即可用前景色填充路径，如图 7.38 所示。

除了用前景色填充路径以外，用户还可以使用快捷菜单中的"填充路径"命令，为路径填充新的颜色或图案，同时可以在填充过程中定义填充状态，如不透明度、羽化等。

实例 7.6 用图案填充路径。

① 打开文件"Photoshop 源文件与素材\第 7 章\心形.psd"。

② 新建"图层 2"图层。

③ 切换到"路径"面板，右击"路径 1"，在打开的快捷菜单中选择"填充路径"命令，弹出"填充路径"对话框，在"使用"下拉列表中选择"图案"选项，在"自定图案"的扩展菜单中选择"自然图案"追加到"自定图案"中，选择其中的紫色雏菊图案。

④ 设置羽化半径为 5，如图 7.39 所示。

⑤ 单击"确定"按钮，效果如图 7.40 所示。

图 7.38 用前景色填充路径　　图 7.39 "填充路径"参数设置　　图 7.40 用图案填充路径

7．描边路径

绘制好的路径可以用当前画笔进行描边，制作特殊效果。

实例 7.7 用玫瑰画笔描边路径。

① 打开素材文件"Photoshop 源文件与素材\第 7 章\心形.psd"。

② 新建"图层 3"图层。设置前景色为红色，参数值为 R：255，G：0，B：0。

③ 选择画笔工具，在画笔的扩展选项中选择"自然画笔"选项，将其追加到现有画笔中。

④ 在"画笔笔尖形状"中选择散落玫瑰图案，设置画笔笔尖形状的直径为 30，角度为 35 度，间距为 100%，如图 7.41 所示。

⑤ 切换到"路径"面板，选择"路径 1"路径，单击用画笔描边路径 ◎ 按钮，效果如图 7.42 所示。

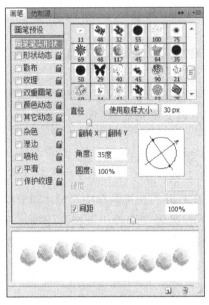

图 7.41 "画笔"面板

图 7.42 描边路径

实例 7.8 使用路径绘制卡通景物。

① 新建 800 像素×600 像素的 RGB 图像。将前景色的参数设置为浅蓝色，参数值为 R：167，G：212，B：250，使用前景色到背景色的线性渐变填充，自上而下地填充图像背景。

② 选择钢笔工具，在图像的右边创建"树干"路径，选择转换点工具改变路径曲度，如图 7.43 所示，设置前景色的参数值为 R：88，G：16，B：24，填充"树干"路径，填充效果如图 7.44 所示。

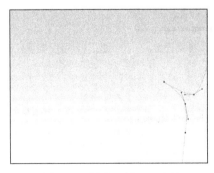

图 7.43 创建"树干"路径

图 7.44 填充路径

③ 新建工作路径，选择自由钢笔工具选项，从树干处向外延伸绘制路径，保存路径为"树枝"，新建图层命名为"树枝"，如图 7.45 所示。选择画笔工具，设置大小为 5像素的柔角画笔，并设置"形状动态"中的"渐隐"值为 300，选择"树枝"路径，用当前画笔进行描边，描边后的效果如图 7.46 所示。

图 7.45　创建"树枝"路径　　　　　　　　　图 7.46　描边"树枝"路径

④ 为了绘制柳叶下垂的效果，需要再建立一个工作路径，将其命名为"垂枝"，使用自由钢笔工具，从树枝根部往下绘制多条路径，这里绘制的越多，树木越茂盛，如图 7.47 所示。新建图层命名为"垂枝"，选择画笔工具，设置大小为 1 像素的柔角画笔，并设置"形状动态"中的"渐隐"值为 500，选择"垂枝"路径，用当前画笔进行描边，描边后的效果如图 7.48 所示。

图 7.47　绘制"垂枝"路径　　　　　　　　　图 7.48　描边"垂枝"路径

⑤ 选择画笔工具并按【F5】键,打开"画笔"面板,设置前景色为 R:10,G:130,B:50,设置"画笔笔尖形状"为柔边椭圆 11,硬度为 9%,间距为 100%,如图 7.49所示。设置"散布"为"两轴"150%,"数量"为 1,并勾选"湿边"和"平滑"复选框,如图 7.50 所示。

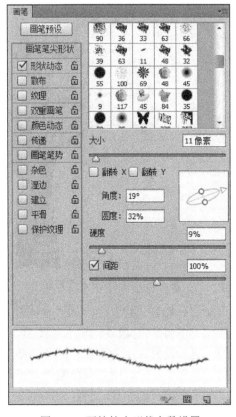

图 7.49　画笔笔尖形状参数设置

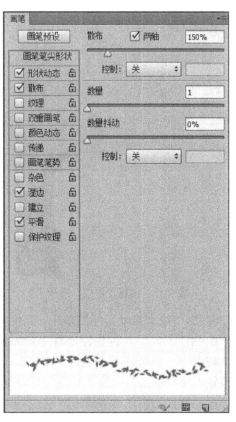

图 7.50　散步等参数设置

⑥ 新建"树叶"图层,切换到"路径"面板,选择"垂枝"路径,单击"用画笔描边路径"选项,效果如图 7.51 所示。

⑦ 新建工作路径,选择自由钢笔工具,在图像下部绘制一条曲线路径。保存路径为"草",如图 7.52 所示。新建图层命名为"草 1",选择画笔工具,设置前景色为 R:9,G:107,B:48,设置"画笔笔尖形状"为 Dune Grass,大小为 100 像素,间距为 25%,如图 7.53 所示。设置"形状动态"中的"大小抖动"为 50%,"角度抖动"为 10%,如图 7.54 所示。设置"颜色动态"中的"前景/背景抖动"为 10%,"色相"抖动为 20%,如图 7.55 所示。连续单击 4 次用画笔描边路径⊙按钮,描边效果如图 7.56 所示。此时的"草"看起来不太自然,再重新定义一个画笔继续描边。新建一个图层"草 2",重新选择"画笔笔尖形状"为 Grass,其他设置不变,再选择路径"草 2",连续单击 2 次用画笔描边路径⊙按钮,描边效果如图 7.57 所示。这时草的方向会有所变化,看起来更自然一些。

图 7.51　用"树叶"画笔描边

图 7.52　绘制"草 1"路径

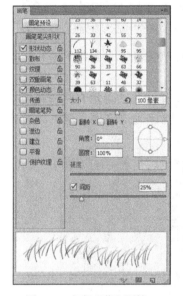

图 7.53　定义"草"画笔 1

图 7.54　定义"草"画笔 2

图 7.55　定义"草"画笔 3

图 7.56　描边"草 1"路径

图 7.57　描边"草 2"路径

⑧ 最后填加云彩，新建工作路径，在图像左上角绘制闭合路径，保存路径为"云彩"，如图 7.58 所示。新建图层"云彩"，将前影色设置为白色。切换到"路径"面板，在"云彩"路径位置右击，选择"填充路径"命令，在弹出的对话框中设置"羽化半径"

为 10 像素，使用前景色进行填充，取消路径选择，填充后的效果如图 7.59 所示。

图 7.58 绘制"云彩"路径　　　　　　　　图 7.59 填充"云彩"路径

⑨ 保存图像文件为"树.psd"，最终"图层"面板如图 7.60 所示，最终"路径"面板如图 7.61 所示。

本例主要使用钢笔工具与自由钢笔工具绘制景物路径，结合描边与填充路径制作了一幅卡通景物图像。在实际应用中，路径与画笔的结合可以制作原创矢量图形，为设计各种 Logo、花纹或图案提供有效的方法。

图 7.60 "图层"面板　　　　　　　　图 7.61 "路径"面板

8. 保存与使用自定义路径

在使用路径时，可以将自己喜欢的路径保存下来，以便日后使用。

实例 7.9 制作可乐海报。

① 打开文件"Photoshop 源文件与素材\第 7 章\可乐 1.jpg"，如图 7.62 所示。

② 选择魔棒工具选项，在图像白色背景处单击，选择"选择"→"反向"命令，选择可乐瓶区域。

③ 切换到"路径"面板，单击从选区生成路径 ▣ 按钮。

④ 选择"编辑"→"定义自定形状"命令，在弹出的对话框中输入"可乐"，单击"确定"按钮。

⑤ 选择工具箱中的自定形状工具，如图 7.63 所示，在打开的"形状"下拉列表中会出现自定义的形状，如图 7.64 所示。

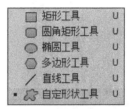

图 7.62　"可乐 1"素材　　　　　　　　　　图 7.63　自定形状工具

⑥ 打开文件"Photoshop 源文件与素材\第 7 章\可乐.psd"，如图 7.65 所示。这是一张已经包含 3 个图层的图像文件。打开素材文件"Photoshop 源文件与素材\第 7 章\可乐2.jpg"，如图 7.66 所示。

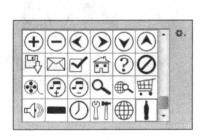

图 7.64　可乐形状　　　　　　　　　　图 7.65　"可乐"素材

⑦ 切换到"图层"面板，将"可乐 2"移动到"可乐.psd"中，生成"图层 1"图层。

⑧ 选择刚刚定义的"可乐"形状，这时也要注意在自定形状工具中要选择"路径"选项，在图像上拖动自定义的可乐形状，如图 7.67 所示。这时如果对定义的路径不满意，可以选择"编辑"→"变换路径"命令，对形状的大小、宽度及角度进行编辑，编辑方法同"变换"命令。

⑨ 选择"图层"→"矢量蒙版"→"当前路径"命令，切换到"图层"面板，将"图层 1"中的图层与蒙版的链接取消，对"图层 1"进行变换，并移动"图层 1"到合适位置（变换或移动前需将工作路径取消，否则操作的将是该路径），如图 7.68 所示。

⑩ 最后将"可乐 1"移动到"可乐.psd"中，复制两个相同图层并移动，对"图层 1"

应用"投影"图层样式，得到最终效果如图 7.69 所示。

图 7.66　"可乐 2"素材

图 7.67　添加自定义可乐形状

图 7.68　创建矢量蒙版

图 7.69　可乐海报

　　本例通过使用自定形状工具及路径的各种编辑方法制作海报。路径的应用非常灵活，可以和选区、蒙版、画笔等结合使用，制作很多精美的作品。

7.5　形状的编辑

　　形状工具是除钢笔工具、自由钢笔工具之外创建路径的另一种工具，可以帮助用户创建一些常用的形状路径。

　　形状工具包括矩形、圆角矩形、椭圆、多边形、直线和自定义形状工具。单击形状工具▣按钮，选择一种工具，设置形状工具选项栏中的模式为 形状 ，直接在图像窗口中按鼠标左键拖动，即可绘制形状。使用矩形工具、圆角矩形工具、椭圆工具时按【Shift】

键并拖动鼠标则可绘制正方形、圆角正方形和正圆形。

　　每种工具都有其特定的工具选项栏，可以对创建形状的属性进行设定，用户可以根据形状需要进行设定。下面对几个常用的选项进行说明。

　　1）创建模式：对于形状工具来说可以使用形状、路径和像素 3 种模式，选择形状模式，创建的是填充前景色的形状图层；选择路径模式创建的是形状路径；而选择像素模式是在当前图层中绘制一个填充前景色的形状区域。

　　2）形状描边：该选项只有选择形状模式后才可以使用，可以设定形状描边的宽度和类型。在"描边"下拉列表框中可以选择需要描边的具体类型。

　　3）设定形状比例：可以设定形状的大小和长宽比，以及对齐边缘等。

　　用户可以根据创建形状的需求设定形状的属性，图 7.70 所示为几种不同形状工具所创建的形状路径及形状。

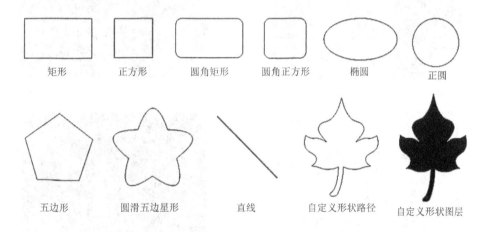

矩形　　　正方形　　　圆角矩形　　　圆角正方形　　　椭圆　　　正圆

五边形　　　圆滑五边星形　　　直线　　　自定义形状路径　　　自定义形状图层

图 7.70　形状工具绘制的各种形状

下面通过一个实例讲解形状的各种编辑方法

实例 7.10　使用形状工具制作城市夜景。

① 新建 600 像素×800 像素的 RGB 图像。

② 将前景色的参数设置为深蓝色，参数值为 R：10，G：44，B：120，使用前景色到背景色的线性渐变填充，自上而下地填充图像背景。

③ 通过添加矩形来模拟城市楼房。在工具箱中选择矩形工具选项，选择形状工具选项栏中的模式为 形状 ▼（以下除特殊说明，都表示添加形状），设置前景色为灰色，参数值为 R：186，G：188，B：183，按鼠标左键在图像上拖动，创建一个矩形图层"矩形 1"，如图 7.71 所示。然后再设置前景色为 R：157，G：153，B：146，继续添加形状图层"矩形 2"，如图 7.72 所示。形状填充颜色可以在添加之前设置前景色，也可以添加之后进行更改，单击形状工具选项栏里的设置形状填充类型 填充：▇ 下三角按钮，打开设置列表，如图 7.73 所示。列表中所分类型从左到右依次是无颜色、纯色、渐变和图案填充，下面是纯色的颜色列表，单击即可选中某颜色使用，单击拾色器▇按钮可以选择列表中没有的颜色。依照上述步骤继续添加矩形形状并更改矩形颜色，颜色以灰色为

主。用户可自行更改，全部添加之后的效果如图 7.74 所示。这里矩形的前后关系可以通过图层的顺序进行调整。

图 7.71 添加"矩形 1"图层

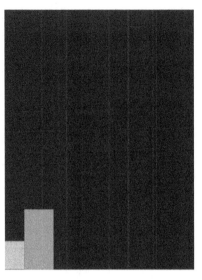

图 7.72 添加"矩形 2"图层

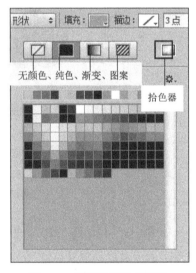

图 7.73 设置形状填充类型

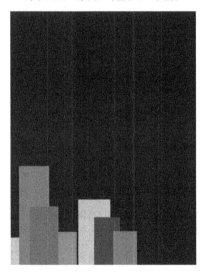

图 7.74 楼房效果

④ 接下来添加一轮弯月，使用路径操作 按钮添加。首先将前景色的参数设置为黄色，参数值为 R：250，G：250，B：120，选择椭圆工具 ，按【Shift】键在图像右上角绘制正圆形，如图 7.75 所示，单击"形状选项栏"里的"路径操作" 按钮，打开"路径操作"列表，如图 7.76 所示，包括"新建图层""合并形状""减去顶层形状""与形状区域相交""排除重叠形状"五个选项，这里选择"减去顶层形状"选项，然后依然使用椭圆工具在原有的正圆上绘制一个椭圆，这时原有的圆形将变成弯月形，如图 7.77 所示。用户还可以根据形状之间的操作关系得到许多不同的形状。

图 7.75 绘制圆月

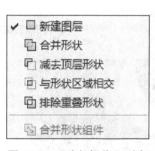

图 7.76 "路径操作"列表

图 7.77 绘制弯月

⑤ 然后在月亮周围绘制一些星星，可以使用多边形工具来添加，选择多边形工具 ，单击形状工具选项栏里的路径设置 按钮，在列表中选择"星形"路径，设置"缩进边依据"分别为 50%、30% 和 70%，在图像上绘制三颗星星，效果如图 7.78 所示，不同形状的路径设置是不一样的，用户可以根据需要自行设置。

⑥ 新建"图层 1"图层，选择画笔工具，设置画笔大小为 13 像素，硬度为 0%，在"图层 1"上分散画点，并将图层的不透明度设置为 70%，效果如图 7.79 所示。

图 7.78 绘制不同形状的星形

图 7.79 添加星光

⑦ 最后，在月亮上绘制一个猫的背影，这里使用自定形状工具，选择自定形状工具 ，系统提供了很多形状图案，可以直接应用在文件中。单击自定形状工具栏中的"设置待创建的形状"下拉按钮，列表中显示的是默认自定义形状，若没有理想的形状，则可以单击列表中的形状设置 按钮，在展开的列表中选择想添加的类别，如图 7.80 所示，这里选择"动物"选项，弹出提示对话框，如图 7.81 所示，单击"确定"按扭，则形状列表中将显示所有动物的形状，如图 7.82 所示。这里选择猫，将前景色设置为黑色，在月亮下沿处绘制一个猫的形状，如图 7.83 所示。最后的图层列表如图 7.84 所示。

图 7.80　自定义形状选择

图 7.81　询问对话框

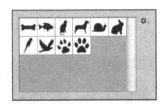

图 7.82　动物形状列表

图 7.83　绘制猫

图 7.84　图层列表

实例 7.11 使用形状工具制作年历背景图案。

（1）创建形状

① 新建 600 像素×800 像素的 RGB 图像。将前景色的参数设置为红色 R：230，G：0，B：0，使用前景色到背景色的线性渐变填充，自上而下地填充图像背景。

② 选择"视图"→"标尺"命令显示标尺，然后在水平标尺上按鼠标左键往下拖动到 0.4 厘米的位置上，新建一条水平参考线，以便稍后对齐放置的花朵图案。设置前景色的参数为 R：230，G：140，B：0。

③ 选择自定形状工具<img>，将全部形状追加到"设置待创建的形状"列表中，选择花形装饰 2 图案，如图 7.85 所示。在自定形状工具栏中单击形状设置<img>按钮，如图 7.86 所示。在列表中勾选"固定大小"单选按钮，并在 W 和 H 的文本框中输入"2 厘米"。在背景的左上角单击，绘制出花形图案。使用移动工具移动形状图案，使其贴齐文件的左边缘，上面对齐之前定义的参考线，如图 7.87 所示。

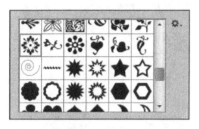

图 7.85 选择"花形装饰 2"形状

图 7.86 形状设置列表

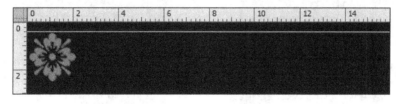

图 7.87 添加"花形装饰 2"形状

在"图层"面板中，可以看到生成一个形状图层，如图 7.88 所示。这个图层可以使用形状工具进行编辑，其基本操作与普通图层类似。若要使用普通图层的编辑命令，可以在该图层上右击，在打开的菜单中选择"栅格化图层"命令，将其转化为普通图层。在"路径"面板中则会相应的生成一个形状路径，如图 7.89 所示，用以记录该形状的工作路径。

（2）复制与排列形状

① 通过复制与排列形状将花形装饰 2 布满整个背景。首先将"形状 1"图层拖至"图层"面板下方的创建新图层按钮上，复制"形状 1 副本"图层，将此操作重复执行 5 次，复制"形状 1"的 6 个副本图层，如图 7.90 所示。选择当前活动图层"形状 1 副本 6"拖动至文件右侧边缘。单击"形状 1"图层，按【Shift】键，再单击"形状 1 副本"图层，则这些形状将同时选中（若需要同时移动、复制或变换多个图层时，则可以一次选定多个图层进行操作），如图 7.91 所示。单击工具选项栏上的水平居中分布<img>按钮，可以将这 7 个形状平均分散并整齐排列，图 7.92 所示为形状排列前与排列后的效果。

图 7.88 形状图层

图 7.89 形状路径

图 7.90 复制形状副本

图 7.91 选择形状副本

图 7.92 形状排列前后的效果

② 在任意形状位置右击，在打开的菜单中选择"合并形状"命令，如图 7.93 所示，则将这 7 个形状合并为 1 个形状图层，如图 7.94 所示。

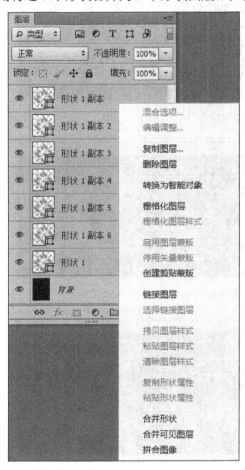

图 7.93 "合并形状"命令选择

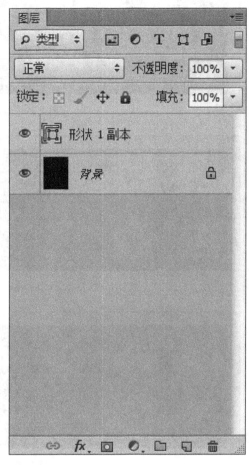

图 7.94 合并后形状图层

③ 复制"形状 1 副本"，生成"形状 1 副本 2"，移动"形状 1 副本 2"至"形状 1 副本"下方，如图 7.95 所示。这时的排列有些生硬，可以将两排图案交错排列，为了实现这种效果，可以将第二排的花形图案去掉一个重新排列。选择工具箱中的路径选择工具，确定当前编辑图层为"形状 1 副本 2"，在此图层的第一个花形图案上单击，这时第一个花形图案处于选中状态，如图 7.96 所示，按【Delete】键清除路径，如图 7.97 所示。合并形状的优势在于合并后的每个形状依然可以单独处理，这比合并图层要方便许多。然后，使用移动工具将"形状 1 副本 2"移动到交错位置，如图 7.98所示。

④ 将"形状 1 副本"与"形状 1 副本 2"合并，然后按照步骤③的方法复制 6 个形状副本，单击工具箱中的垂直居中分布█按钮进行垂直分布，分布后的效果如图 7.99所示。最后加入文字和图片的效果如图 7.100 所示。

图 7.95　复制形状组合

图 7.96　选择形状

图 7.97　清除形状

图 7.98　移动"形状 1 副本 2"

　　本例通过创建形状、形状的复制和排列实现年历花纹的制作，类似背景图案可以使用这种方法来制作，后期文字的处理方法，将在下一章介绍。

图 7.99 年历背景

图 7.100 年历

实例 7.12 用路径和形状工具制作小鸟图标。

① 新建大小为 530 像素 × 530 像素的空白图像，设置前景色为 R：164，G：254，B：244 和背景色为 R：226，G：246，B：237。选择渐变工具，在选项栏中设置从前景色到背景色的线性渐变，在图像中从上至下填充，效果如图 7.101 所示。

② 新建图层"图层 1"，设置前景色为 R：51，G：193，B：242，背景色为 R：1，G：113，B：204，选择椭圆选框工具创建一个选区，设置羽化值为 0。选择渐变工具，在椭圆选区中从上至下填充，填充效果如图 7.102 所示。

③ 新建图层"图层 2"，选择椭圆选框工具，设置羽化值为"20"在已建椭圆中间偏上位置创建一个小的椭圆选区，选择渐变工具，设置前景色为 R：40，G：195，B：247，在选项栏设置从前景色到透明色的径向渐变，在选区内填充，如图 7.103 所示。复制"图层 2"并调整位置，得到两个眼圈。

图 7.101 新建背景

图 7.102 绘制圆形

图 7.103 绘制眼圈

④ 选择椭圆工具，前景色设置为黑色，模式为形状，在眼圈位置画上一个正圆的眼睛，得到"椭圆 1"图层，复制图层得到另一个"椭圆 1 副本"图层。用同样方法绘制眼仁，得到"椭圆 2"图层，复制图层得到另一个"椭圆 2 副本"，效果如图 7.104

所示。选择椭圆工具，设置前景色为 R：254，G：173，B：172，在脸部位置创建一个椭圆形腮红，得到"椭圆 3"图层，复制图层得到另一个"椭圆 3 副本"图层，效果如图 7.105 所示。

⑤ 选择钢笔工具，模式为"形状"，设置前景色为 R：252，G：164，B：83，为小鸟画一个嘴，得到"形状 1"图层，使用转换点工具调整弧度，进行填充，效果如图 7.106 所示。复制"形状 1"图层得到"形状 1 副本"图层，使用"转换点工具"调整上下两个锚点的位置，更改填充颜色为 R：85，G：79，B：74，将此图层置于"形状 1"图层下方，使其成为鸟嘴阴影，如图 7.107 所示。

图 7.104　绘制眼睛　　　　　图 7.105　绘制腮红　　　　　图 7.106　绘制鸟嘴

⑥ 新建图层"图层 3"，同样使用钢笔工具绘制小鸟肚子，设置前景色为 R：126，G：216，B：249，设置不透明度为 60%，效果如图 7.108 所示。按【Ctrl】键单击"图层 1"缩览图载入圆形选区，再返回此图层，选择"图层"→"图层蒙版"→"显示选区"命令，为此"图层 3"添加图层蒙版，效果如图 7.109 所示。

图 7.107　绘制鸟嘴阴影　　　　图 7.108　绘制鸟腹　　　　图 7.109　修改鸟腹

⑦ 新建两个图层，分别使用颜色 R：68，G：106，B：247 和 R：193，G：105，B：26 制作小鸟的翅膀和鼻子，效果如图 7.110 所示。

⑧ 新建一个图层，设置前景色为 R：76，G：59，B：249，使用钢笔工具绘制小鸟的毛发，如图 7.111 所示，最终效果如图 7.112 所示。

⑨ 将文件保存在"Photoshop 源文件与素材\第 7 章"文件夹中，命名为"小鸟.psd"。

本例使用路径及形状工具绘制卡通动物来制作小鸟图标，由此可以看出使用路径和形状工具可以绘制许多矢量图形，帮助用户制作更多的原创素材。

图 7.110　绘制翅膀鼻子

图 7.111　绘制毛发

图 7.112　最终效果

第8章 文　字

8.1　安　装　字　体

　　设计作品的重点是要抓住视觉的焦点，使人们对作品感兴趣，而文字的呈现则可以明确传达作品的主题。因此，在设计作品时要选择合适的字体来搭配不同的图像风格。系统提供了许多预设字体，如宋体、楷书、华文新魏等，但有时这些字体不能满足设计需要，所以用户可以根据需要购买或下载字体进行安装。

　　Windows 中的字体是以 ttf 为扩展名的文件，如图 8.1 所示。用户可以将这些文件复制到 Windows 的字体文件夹中，选择"控制面板"→"外观和个性化"→"字体"选项，如图 8.2 所示。安装完成后字体将出现在 Photoshop CS6 的设置字体系列列表中，如图 8.3 所示，可直接选择进行应用。

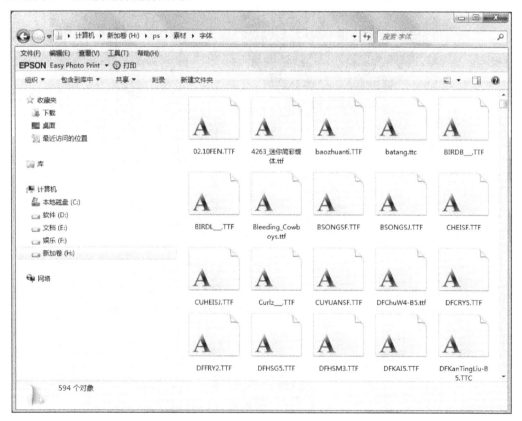

图 8.1　文件中的字体文件

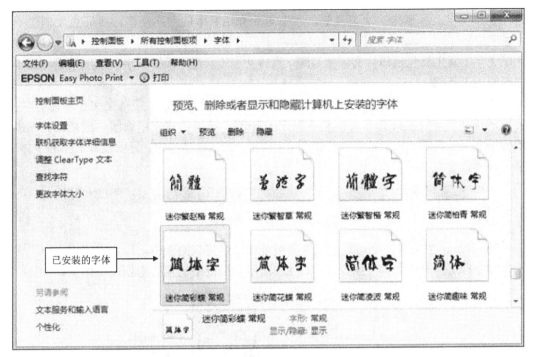

图 8.2　系统中的字体文件

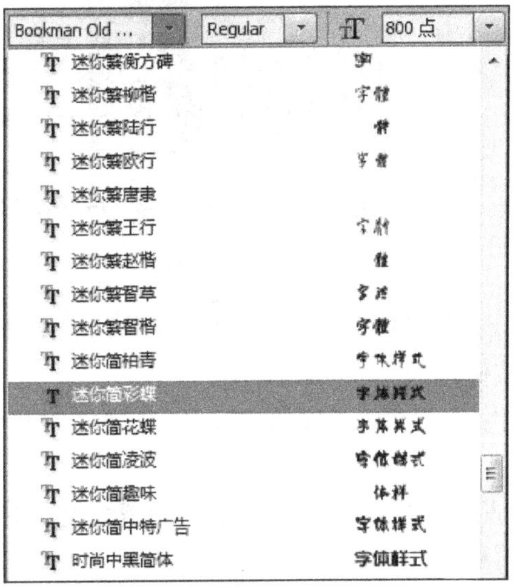

图 8.3　字体系列列表

8.2　输入及编辑文字

文字是各类设计尤其是商业设计中不可或缺的元素，Photoshop CS6 提供了强大的文本格式化功能，如基本的文字字体、基线偏移、文字间距等属性，以及较为复杂的沿路径绕排文字、异形文字块工具等。本节首先介绍基本的文字功能，再通过实例进一步说明。

文字工具主要包括横排文字工具 **T**、直排文字工具 **IT**、横排文字蒙版工具 **T** 和直排文字蒙版工具 **IT**。

使用横排文字工具 **T** 和直排文字工具 **IT**，可以创建点文字、段落文字和路径文字；使用横排文字蒙版工具 **T** 和直排文字蒙版工具 **IT**，可以创建文字选区。选择工具箱中的横排文字工具 **T**，其工具选项栏如图 8.4 所示。在该选项栏中，可以设置文字的字体、字号和颜色等。

图 8.4　横排文字工具选项栏

Photoshop 中所有文字格式的设置参数都在"字符"面板中，选择"窗口"→"字符"命令即可打开"字符"面板，如图 8.5 所示。面板中的主要选项说明如下。

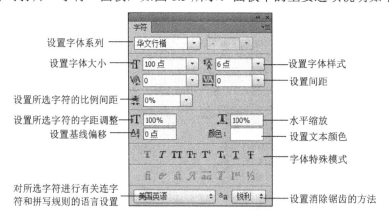

图 8.5　"字符"面板

1）设置间距：在文本框中输入数值，或者在下拉列表中选择一个数值，可以设置两行文字之间的距离，数值越大，行间距越大。

2）设置所选字符的字距调整：此数值控制所选文字的间距，数值越大，字间距越大。

3）设置基线偏移：此数值用于设置所选文字的基线值，对于水平排列的文字，正数向上偏移，负数向下偏移。

4）字体特殊模式：单击其中的按钮，可以将选中文字改变为此种字体形式显示。其中的按钮依次为仿粗体、仿斜体、全部大写字母、小型大写字母、上标、下标、下画线和删除线。

段落文字是指用文字工具拖出一个定界框，然后在定界框中输入的文字。段落文字具有自动换行、可调整文字区域大小等特点，当文字较多时，可以创建段落文字。选择"窗口"→"段落"命令即可打开"段落"面板，如图 8.6 所示。

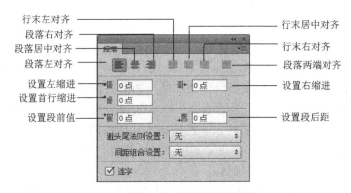

图 8.6　"段落"面板

这里通过一个实例来介绍文字的输入与编辑方法。

实例 8.1　输入并设计房地产广告文字。

1. 点文字输入

① 打开素材文件"Photoshop 源文件与素材\第 8 章\房产.jpg"，如图 8.7 所示。

② 选择工具箱中的横排文字工具 T，在选项栏中设置字体为"黑体"，设置字体大小为"40 点"，将鼠标指针移到图像右上角单击，待出现插入点后即可输入文字"俯仰之间"，按【Enter】键换行，再继续输入"绿意满怀"，如图 8.8 所示。输入文字后返回选项栏中单击 ✓ 按钮确认文字输入完毕，同时"图层"面板中会新建一个以该文字命名的文字图层，如图 8.9 所示。

图 8.7　"房产"素材

图 8.8　输入文字

图 8.9　文字图层

2. 段落文字输入

① 依然使用横排文字工具**T**，在选项栏中设置字体为"华文楷体"，设置字体大小为"20 点"，在已有文字下方拖曳出一个文本框，如图 8.10 所示。

② 在文本框中输入"没有多余的装饰，或者张扬的树种。亲近平和的庭院氛围会让你想起早期的庄园，混合种植着树木和密植树木和密植的低矮灌木、花草，以尽可能与原生态林相匹配"，输入的文字会在文本框内自动换行，如图 8.11 所示。

③ 输入完毕后按**✓**按钮进行确认。

④ 再按上述方法输入"HOUSE GREENBELT""看不见浮华，正是价值所在"。

图 8.10　插入文本框　　　　　　　　　　图 8.11　输入文本

提示：在输入时，如果输入错误，只要用方向键将插入点移动到错字上即可修改。

3. 修改文字内容

经过上述操作后，"图层"面板共有 4 个新建文字图层，分别存放着不同的文字内容，若此时修改文字内容，必须先选中该文字所在的图层，然后使用文字工具做修改操作。这里我们用这种方法将"没有多余的装饰，或者张扬的树种。亲近平和的庭院氛围会让你想起早期的庄园，混合种植着树木和密植树木和密植的低矮灌木、花草，以尽可能与原生态林相匹配。"这段话修改成"没有多余的装饰，或者张扬的树木。亲近平和的庭院氛围会让你想起早期的庄园。"

① 首先在"图层"面板中选择"没有多余的装饰，……"文字图层，然后选择横排文字工具**T**，将鼠标指针移动到要修改的文字上，当指针变为 Ⅰ 时单击，文字间就会出现插入点。若指针呈 ▨ 时单击，则会变成输入新的点文字，而不是在已建立的文字图层中显示插入点。

② 按方向键将插入点移动到要修改的位置，然后按【Delete】键删除不需要的文字，

再重新输入即可，修改完毕后单击✔按钮进行确认。

提示：如果想要删除整个文字图层，只要选择文字图层，再单击"图层"面板下方的🗑按钮即可（文字图层中的所有文字也会一并删除）。

4. 设置文字格式

文字输入完成后，若外观很不理想，可以设置字符格式来修改文字的外观。

① 选择"俯仰之间……"文字图层，选择"窗口"→"字符"命令打开"字符"面板，设置字体系列为"经典粗宋简"，字体大小为"60 点"，字符行间距为"60 点"，字体颜色为 R：100，G：100，B：10，如图 8.12 所示。

② 选择"没有多余的装饰，……"文字图层，在"字符"面板中设置字符行间距为"20 点"，如图 8.13 所示。

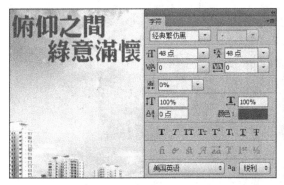

图 8.12 文字设置 1

图 8.13 文字设置 2

③ 选择"看不见浮华，……"文字图层，在"字符"面板中设置字体系列为"华文隶书 2"，字体大小为"18 点"。

④ 选择"HOUSE GREENBELT"文字图层，先用鼠标指针选择"HOUSE"这些文字，再按如图 8.14 所示的"字符"面板中的参数进行设置。然后用鼠标指针选择"GREENBELT"这些文字，按如图 8.15 所示的"字符"面板中的参数进行设置，这里注意需要设置字符间的比例间距为 100% 🔳 100% ▼，字符行间距的设置需要将两行文字同时选中。

图 8.14 文字设置 3

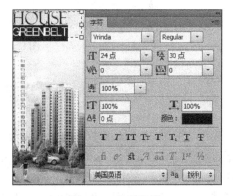

图 8.15 文字设置 4

5. 调整文字位置

① 移动文字时是以"整个文字图层"为单位，所以要先分别选择文字图层，然后再使用移动工具进行移动。移动本例中各图层的位置如图 8.16 所示（请参照图上的标尺与参考线），效果如图 8.17 所示。

② 将文件保存在"Photoshop 源文件与素材\第 8 章"文件夹中，命名为"房产"，文件保存类型为 Photoshop 格式。

图 8.16　移动文字位置

图 8.17　房产效果

8.3　变形文字的编辑

变形文字是文字图层专属的变形功能，可以使文字产生弯曲变形的效果，如扇形、拱形、波浪等。在添加了文字图层之后，单击横排文字工具选项栏中的创建文字变形 按钮，弹出"变形文字"对话框，如图 8.18 所示。在"样式"下拉列表中显示所有的变形样式，如图 8.19 所示。图 8.20 所示是对文字"Photoshop"应用的不同变形效果。

图 8.18　"变形文字"对话框　　　　　　图 8.19　"样式"列表

图 8.20　文字不同变形效果

实例 8.2　变形文字效果制作。

① 打开素材文件"Photoshop 源文件与素材\第 8 章\绿色时尚.jpg",如图 8.21 所示。

② 在素材文件中输入"追求绿色时尚",设置字体系列为"华文新魏","绿色"两字为 72 点,其余文字为 60 点,如图 8.22 所示。

③ 单击模排文字工具选项栏中的创建文字变形 按钮,弹出"变形文字"对话框,在"样式"下拉列表中选择"扇形"选项,勾选"水平"单选按钮,设置"弯曲"为 50,如图 8.23 所示。

④ 单击"确定"按钮,即可对文字进行扇形变形,再将文字调整到图像窗口的合适位置,效果如图 8.24 所示。

⑤ 将文件保存在"Photoshop 源文件与素材\第 8 章"文件夹中,命名为"绿色时尚",保存类型为 Photoshop 格式。

图 8.21　"绿色时尚"素材

图 8.22　输入文字

图 8.23　"变形文字"参数设置

图 8.24　扇形文字效果

8.4　文字与路径

前面所述输入文字只能在规定区域中编辑，变形文字的设置也有一定限制，若想将文字按照某种不规则形状进行编辑，需要借助路径来完成。

8.4.1　沿路径绕排文字

创建一段路径后，沿着路径输入文字，文字将沿着锚点和路径的方向进行排列。

实例 8.3　创建沿路径排列的文字。

① 打开素材文件"Photoshop 源文件与素材\第 8 章\爱心.jpg"，如图 8.25 所示。

② 选择工具箱中的自由钢笔工具，勾选选项栏中的"磁性的"复选框。在素材文件中沿左边的心形创建工作路径，如图 8.26 所示。

③ 选择横排文字工具，在选项栏中设置"字体"为 Brush Script Std，"字体大小"为 24 点，"颜色"参数为 R：180，G：18，B：121，将鼠标指针移至心形路径上，如图 8.27 所示。

④ 单击，确定插入点并输入文字，单击工具选项栏右上角的✔按钮进行确认，在

"路径"面板的灰色区域单击，隐藏路径，效果如图8.28所示。

⑤ 在路径文字编辑的过程中，若对文字的起始位置或方向不满意，可以对文字进行修改。选取工具箱中的路径选择工具，当鼠标指针呈 ⅉ 形状时单击，并沿路径向右拖动鼠标指针，即可调整文字起始位置，如图8.29所示。当鼠标指针呈 ⅉ 形状时单击，并沿路径向左拖动鼠标指针，即可调整文字末尾位置，如图8.30所示。

⑥ 若在编辑过程中对路径形状不满意，可以调整文字路径的形状，选择工具箱中的直接选择工具，在路径上单击，即可显示路径锚点和控制柄，在控制柄的控制点上单击并拖动，即可调整文字路径的形状，如图8.31所示。最终效果如图8.32所示。

⑦ 将文件保存在"Photoshop源文件与素材\第8章"文件夹中，命名为"爱心文字"，保存类型为Photoshop格式。

图8.25 爱心素材

图8.26 创建爱心路径

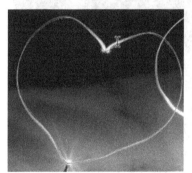

图8.27 输入文字指针

图8.28 沿路径输入文字

图8.29 改变起始点

图8.30 改变末尾点

图 8.31　调整文字路径　　　　　　　　　　　图 8.32　最终效果

8.4.2　路径区域文字

创建一段闭合路径后，在路径中输入文字，文字将在该区域内进行排列。

实例 8.4　创建路径区域排列的文字。

① 打开素材文件"Photoshop 源文件与素材\第 8 章\爱心文字.psd"，如图 8.32 所示。

② 选择工具箱中的自由钢笔工具，勾选选项栏中的"磁性的"复选框。在素材文件中沿右边的心形创建工作路径，如图 8.33 所示。

图 8.33　创建路径

③ 选择横排文字工具，在选项栏中设置"字体"为 Brush Script Std，"字体大小"为"24 点"，"颜色"参数为 R：214，G：178，B：201，将鼠标指针移至心形路径内部，如图 8.34 所示。

④ 单击确定插入点并输入文字，单击工具选项栏右上角的✔按钮进行确认，在"路径"面板的灰色区域单击，隐藏路径，效果如图 8.35 所示。

⑤ 若在编辑过程中对路径形状不满意，可以按上例所述方法调整，最终效果如图 8.36 所示。

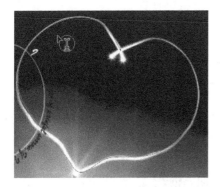

图 8.34 输入文字指针

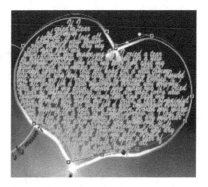

图 8.35 输入文字

图 8.36 最终效果

第9章 通 道

通道是 Photoshop 另一个核心功能，利用通道可以保存图像的颜色信息，还可以精确地选择图像、保存及编辑选区。

9.1 通 道 面 板

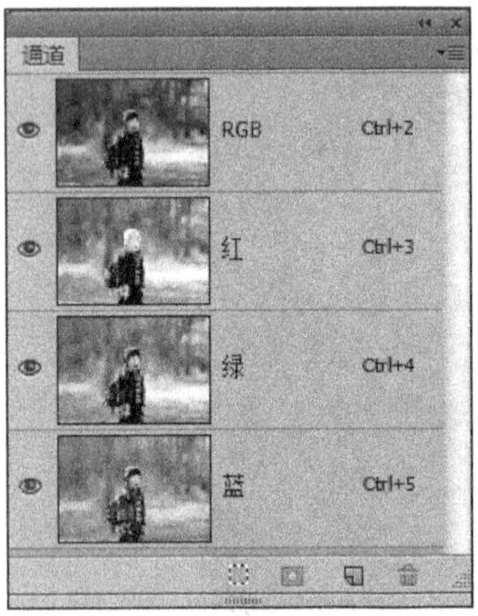

图 9.1 "通道"面板

通道面板是创建和编辑通道的主要场所，当要编辑一幅图像时，选择"窗口"→"通道"命令即可打开"通道"面板，如图 9.1 所示。

1）![icon]：用于控制通道的显示与隐藏。

2）缩览图：位于 ![icon] 之后，用于预览通道中的内容。

3）![Ctrl+2]：通道组合键，用于快速选择所需的通道。

4）![icon]：将选择的通道作为选区载入。

5）![icon]：将图像中的选区存储为通道。

6）![icon]：用于创建 Alpha 通道。

7）![icon]：删除当前通道。

9.2 通 道 分 类

通道作为图像的组成部分，与图像的模式密切相关。Photoshop 中包括颜色通道、Alpha 通道和专色通道。

9.2.1 颜色通道

颜色通道是每一幅图像都具有的，用于保存图像颜色的基本信息，每个图像有一个或多个颜色通道，图像的模式决定了颜色通道的数量。RGB 模式的图像有 3 个颜色通道，CMYK 模式的图像有 4 个颜色通道，Lab 模式图像则由"明度"、a、b 3 个通道组成，灰度图像只有一个颜色通道，它们包含了所有将被打印或显示的颜色。而每种图像模式都包含复合通道，复合通道是同时预览并编辑所有颜色通道的一个快捷方式。当单独编辑完成一个或多个颜色通道后，单击"复合通道"返回图像的默认状态。

每个颜色通道都存放着图像中某种颜色的信息，所有颜色叠加混合即产生图像中像素的颜色。例如，RGB 图像有 3 个默认的颜色通道，以及一个复合通道，只有 R、G、B 3 种颜色通道混合在一起时才是真实的色彩图像，当缺少某一个颜色通道时，图像就会偏色。

图 9.2 所示为隐藏蓝色通道，仅红色和绿色叠加的效果，图 9.3 所示为隐藏绿色通

道，仅红色和蓝色叠加的效果。

图 9.2　红色和绿色叠加效果　　　　　图 9.3　红色和蓝色叠加效果

在默认情况下，当仅显示"通道"面板中的一个通道时，看到的是灰度图像，如图 9.4 所示。在 Photoshop 中选择"编辑"→"首选项"→"界面"命令，在弹出的"首选项"对话框中勾选"用彩色显示通道"复选框，如图 9.5 所示，单击"确定"按钮，即可看到图像以彩色显示，如图 9.6 所示。

图 9.4　灰色图像

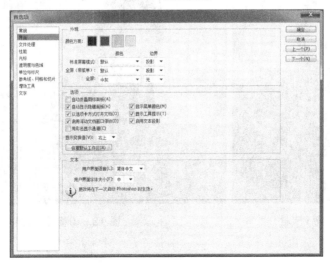

图 9.5　"首选项"对话框

图 9.6　彩色显示通道

实例 9.1　使用颜色通道得到唯美图像效果。

① 打开素材"Photoshop 源文件与素材\第 9 章\人物 1.jpg"，如图 9.7 所示。

② 选择"图像"→"模式"→"Lab 颜色"命令。

③ 在"通道"面板中选择 a 通道，按【Ctrl+A】组合键全选，再按【Ctrl+C】组合键复制。然后选择 b 通道，按【Ctrl+V】组合键粘贴，按【Ctrl+D】组合键取消选区，即可得到调整后图像的效果，如图 9.8 所示。

④ 将文件保存在"Photoshop 源文件与素材\第 9 章"文件夹中，命名为"唯美效果"，保存类型为 Photoshop 格式。

图 9.7　人物 1 素材　　　　　　　　　图 9.8　调整通道效果

9.2.2　Alpha 通道

Alpha 通道既是选区的载体也是选区的提供者。在 Alpha 通道中，白色代表被选择的区域，黑色代表未被选择的区域，灰色代表被部分选择的区域，即羽化的区域。Alpha通道只存储选区，并不会影响图像的颜色。

1. 创建 Alpha 通道

Photoshop 提供了多种创建 Alpha 通道的方法，用户可以根据需要选择快速、简单的方法进行创建。

1）直接创建空白 Alpha 通道：单击"通道"面板底部的"创建新通道"　按钮，可以创建一个新通道。

2）从选区创建 Alpha 通道：若当前图像中创建了选区，单击"通道"面板底部的将选区存储为通道　按钮，可以将选区保存为 Alpha 通道，如图 9.9 所示。其中，"Alpha1"为新建空白通道，"Alpha2"为选区通道。

图 9.9　创建新通道

3）从图层蒙版创建 Alpha 通道：当在"图层"面板中选择了一个具有图层蒙版的图层时，切换到"通道"面板就可以在颜色通道的下方看到一个临时通道，如图 9.10所示。"图层 1 蒙版"即为临时通道，该通道与图层蒙版中的状态是完全相同的，此时将此通道拖动到创建新通道　按钮上，即可将其保存为一个 Alpha 通道，如图 9.11 所示，"图层 1 蒙版副本"即为保存的 Alpha 通道。

2. 复制通道

复制通道有两种方法，一种是直接将要复制的通道拖动到"通道"面板的"创建新通道"　按钮上；另一种是在要复制的通道名称上右击，在打开的菜单中选择"复制通道"命令，弹出如图 9.12 所示的对话框。其中，"复制"后面显示的是所复制的通道名称，"为（A）"的文本框需要输入复制所得到的通道名称，在"文档"后面的下拉列表框中选择复制通道的存放位置。

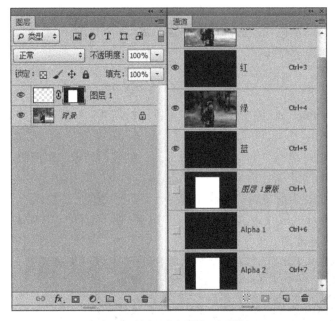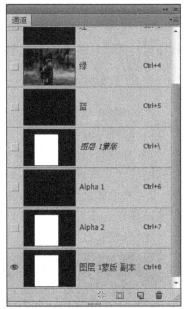

图 9.10　图层蒙版的临时通道　　　　　　　图 9.11　保存图层蒙版为通道

图 9.12　"复制通道"对话框

3. 删除通道

删除通道时可使用以下方法。

1）选择通道，直接将其拖至"通道"面板底部的删除当前通道🗑按钮上。

2）选择通道，单击"通道"面板底部的删除当前通道🗑按钮，在弹出的对话框中单击"是"按钮即可。

4. 将通道载入选区

将通道载入选区也有很多方法，还可以在载入选区的同时进行运算。

1）选择要载入的通道，单击"通道"面板底部的将通道作为选区载入▒▒按钮。

2）按【Ctrl】键单击通道缩览图，可直接使用此通道所保存的选区。

3）在选区存在的情况下，按【Ctrl+Shift】组合键单击通道，可在当前选区中增加该通道所保存的选区。

4）在选区存在的情况下，按【Ctrl+Alt】组合键单击通道，可在当前选区中减去该通道所保存的选区。

5）在选区存在的情况下，按【Ctrl+Alt+Shift】组合键单击通道，可得到当前选区与该通道所保存的选区交叉的选区。

实例 9.2　使用通道制作泡泡图像。

① 打开素材"Photoshop 源文件与素材\第 9 章\泡泡 1.jpg"和"源文件与素材/第 9 章/泡泡 2.jpg"，如图 9.13 和图 9.14 所示。

图 9.13　"泡泡 1"素材　　　　　　图 9.14　"泡泡 2"素材

② 选择"泡泡 2"素材，打开"通道"面板，选择泡泡与背景反差较大的蓝色通道。选择"图像"→"计算"命令，弹出"计算"对话框，不需要更改任何设置，单击"确定"按钮。生成一个新通道"Alpha1"，如图 9.15 所示。此步的目的是使图像对比更鲜明，可以多次执行计算。

③ 按【Ctrl】键单击"Alpha1"通道，载入此通道所保存的选区。

④ 返回 RGB 图像模式，复制选区内图层内容。

⑤ 选择"泡泡 1"素材，选择"编辑"→"粘贴"命令，将复制的图层粘贴到此图像中，生成"图层 1"图层。

⑥ 选择"编辑"→"变换"→"缩放"命令，调整图层大小和位置。

⑦ 使用橡皮擦工具 ，设定合适的画笔大小及硬度，将多余的部分擦除，最终效果如图 9.16 所示。

⑧ 将文件保存在"Photoshop 源文件与素材\第 9 章"文件夹中，命名为"泡泡图像"，保存类型为 Photoshop 格式。

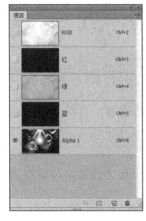

图 9.15　计算产生的通道

图 9.16　泡泡图像效果

9.2.3　专色通道

专色通道用于在出片时生成第 5 块色版，即专色版，在进行专色印刷或进行 UV、烫金、烫银等特殊印刷工艺时将用到此类通道。

实例 9.3　制作专色通道。

① 打开素材"源文件与素材\第 9 章\植物海报.jpg"，如图 9.17 所示。

② 打开"通道"面板，单击面板右上角的调板菜单 ■ 图标，在打开的菜单中选择"新建专色通道"命令，如图 9.18 所示，弹出"新建专色通道"对话框，如图 9.19 所示。

图 9.17　"植物海报"素材

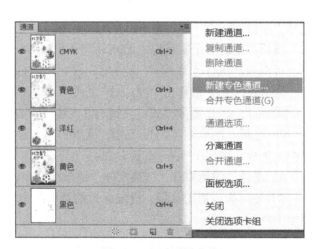

图 9.18　新建通道菜单

③ 双击"专色 1"通道，弹出"专色通道选项"对话框，按如图 9.20 所示在"专色通道选项"对话框中，单击"颜色"色块，可以设置油墨的颜色，设置"密度"参数值，可以调整油墨的浓度。

④ 设置完成后，即可在金属专色通道上进行各种处理，如添加文字或图形，如

图 9.21 所示。

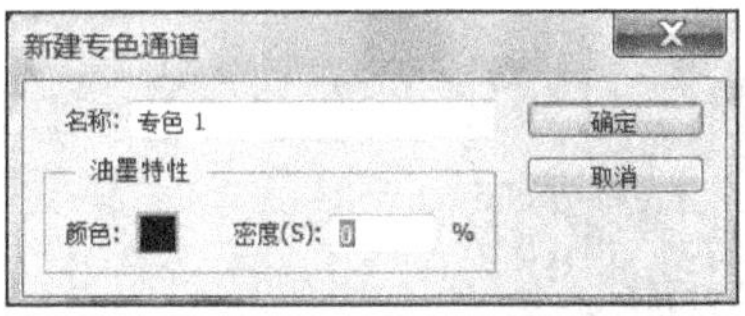

图 9.19 "新建专色通道"对话框

图 9.20 "专色通道选项"对话框

图 9.21 专色通道添加的文字

⑤ 若要输出专色通道，需要在 Photoshop 中将文件以 DCS2.0（EPS）格式或 PDF 格式存储。

9.3 通道的应用

9.3.1 使用通道制作异形选区

精确地选择图像、保存及编辑选区是通道的一个核心功能，本节以制作童真组合图像为例，讲解制作异形选区的方法。

实例 9.4 使用通道制作童真组合照片。

① 打开素材 "Photoshop 源文件与素材\第 9 章\童真 1.jpg"，如图 9.22 所示。

② 使用矩形选框工具在图像右侧选取适当矩形，选择 "选择" → "修改" → "羽化"命令，在 "羽化选区"对话框中设置羽化半径为 50。

③ 切换至 "通道"面板，单击将选区存储为通道 按钮新建通道 Alpha1，如图 9.23 所示。

④ 单击通道 "Alpha1"，按【Ctrl+D】组合键取消选择，选择 "滤镜" → "滤镜库"命令，选择 "艺术效果" → "木刻"滤镜选项，弹出 "木刻"对话框，如图 9.24 所示，设置参数，单击 "确定"按钮，效果如图 9.25 所示。

⑤ 按【Ctrl】键单击通道 Alpha1 载入选区，返回背景图层。

⑥ 打开素材 "Photoshop 源文件与素材\第 9 章\童真 2.jpg"，如图 9.26 所示，按【Ctrl+A】组合键全选，按【Ctrl+C】组合键复制。

⑦ 返回到"童真1",选择"编辑"→"选择性粘贴"→"贴入"命令,将"童真2"粘贴到"童真1"中,并生成新的图层"图层1"。调整"图层1"的位置得到最终组合图像,如图 9.27 所示。

图 9.22 "童真1"素材

图 9.23 新建通道

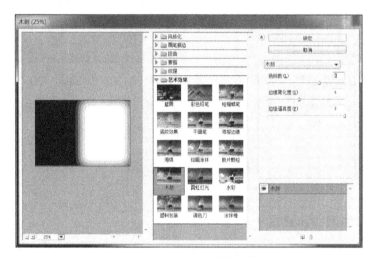

图 9.24 "木刻"滤镜参数

图 9.25 "木刻"滤镜效果

图9.26 "童真2"素材   图9.27 最终效果

⑧ 将文件保存在"Photoshop 源文件与素材\第 9 章"文件夹中，命名为"童真"，保存类型为 Photoshop 格式。

9.3.2 使用通道抠图

抠图是通道的另一个应用，利用通道的选取功能可以快速、方便的将前景和背景分离，尤其是对于前景与背景有明显色差，且前景边缘不规则的图像，如毛发。本节以抠取人物为例，讲解使用通道抠图的基本方法。

实例 9.5 使用通道抠取人物图像。

① 打开素材"源文件与素材\第 9 章\人像.jpg"，如图 9.28 所示。

② 观察各通道状态，选择一个头发与背景图像对比度较好的，本例选择蓝色通道。

③ 复制蓝色通道得到"蓝 副本"，按【Ctrl+I】组合键执行反相操作，得到图 9.29 所示的效果。

图9.28 "人像"素材   图9.29 反相操作后的效果

④ 选择"图像"→"计算"命令，弹出"计算"对话框，设置"混合"模式为"叠加"，如图 9.30 所示，单击"确定"按钮，生成一个新通道"Alpha1"，通道效果如图9.31 所示。

⑤ 按【Ctrl+L】组合键弹出"色阶"对话框，设置参数如图 9.32 所示，单击"确定"按钮，效果如图9.33 所示。

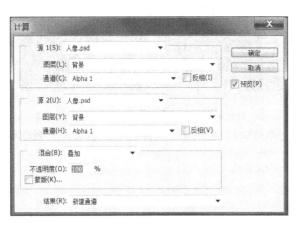

图 9.30 "计算"参数设置

图 9.31 计算后的通道

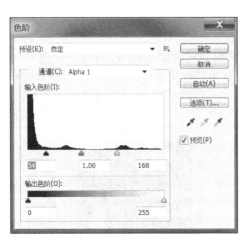

图 9.32 "色阶"参数设置

图 9.33 调整色阶后的效果

⑥ 设置前景色为白色，选择画笔工具并设置适当的画笔大小，涂抹人物头发中的灰色线条部分，直至将头发完全涂成白色，如图9.34 所示。

⑦ 返回"图层"面板并单击图层。使用套索工具，沿人物的身体边缘及头发内部选择，如图9.35 所示。切换到"通道"面板，并按【Ctrl+Shift】组合键单击通道"Alpha1"，从而得到二者相加后的选区，如图9.36 所示。

⑧ 选择"背景"图层并按【Ctrl+C】组合键执行复制操作，再按【Ctrl+V】组合键执行粘贴操作，同时得到"图层 1"图层，"图层 1"与新背景结合的效果如图9.37 所示。

图 9.34 涂抹头发

图 9.35 选取身体部分

图 9.36 结合两个选区

图 9.37 最终效果

⑨ 将文件保存在"Photoshop 源文件与素材\第 9 章"文件夹中，命名为"篮球女孩"，保存类型为 Photoshop 格式。

第 10 章 滤　　镜

滤镜是 Photoshop 中功能最丰富，效果最奇特的工具之一。使用滤镜可以使图像产生意想不到的变化，丰富的滤镜库可以帮助用户设计更多、更奇特的图像效果。

10.1　滤　镜　概　述

滤镜源于摄影领域中的滤光镜，但又不同于滤光镜，滤镜改进图像和产生的特殊效果是滤光镜所不能及的。在 Photoshop 中，经过一次或多次使用"滤镜"命令，可以在图像上模拟显示现实生活中的景象或绘画的艺术效果。

随着 Photoshop 版本的不断升级，滤镜的功能也在发展完善，适用范围也更为广泛。选择菜单中的"滤镜"命令，打开"滤镜"菜单，如图 10.1 所示。该菜单由六部分组成，第一部分是上次应用的滤镜命令；第二部分为将智能滤镜应用于智能对象图层的命令；第三部分列出 3 个较为特殊的滤镜命令，分别为"滤镜库""液化""消失点"；第四部分是具体的滤镜组；第五部分是 Digimarc，在图像中保存著作权信息；最后一部分是浏览联机滤镜。

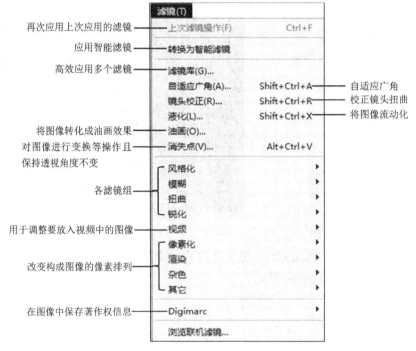

图 10.1　"滤镜"菜单

10.1.1　滤镜工作原理

滤镜虽然应用起来很简单，但其内部工作原理很复杂。计算机内部执行"滤镜"的命令进行分析或选择区域的色度值，以及每个像素的位置，根据复杂的数学方法计算出结果来代替原来的像素，并应用到图像中，此时图像显示经过计算得出的效果。

10.1.2　使用滤镜

本节通过实例来介绍滤镜的基本使用方法。

实例 10.1　使用滤镜修饰图像。

① 打开素材"Photoshop 源文件与素材\第 10 章\房产.psd"，如图 10.2 所示。

② 选择"彩虹"图层，选择"滤镜"→"风格化"→"查找边缘"命令，效果如图 10.3 所示。

图 10.2　"房产"素材　　　　　　　　　图 10.3　"查找边缘"应用效果

提示：若将滤镜应用到整个图层，要确保此图层处于选择状态。

③ 在"滤镜"菜单中，有些滤镜命令后面带有省略号"…"，若选择这些滤镜，将会弹出相应的对话框。多数滤镜提供了一个设置对话框，在这个对话框中可以对滤镜的各个选项进行精确设置，并且可以预览应用滤镜后的图像效果。

④ 将步骤②中的"查找边缘"滤镜命令撤销，按【Ctrl+Z】组合键，选择"滤镜"→"模糊"→"高斯模糊"命令，弹出"高斯模糊"对话框，如图 10.4 所示，单击"确定"按钮，效果如图 10.5 所示。

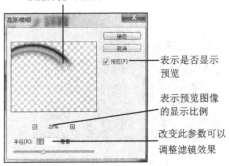

图 10.4　"高斯模糊"对话框　　　　　　图 10.5　"高斯模糊"滤镜效果

提示：当鼠标指针移动到预览窗口中，指针变为小手形状时，单击并拖动鼠标可以移动预览画面，以观察画面的特定部分。

注意：滤镜在位图模式和索引颜色模式位图中不能应用，另外有些滤镜命令只应用于 RGB 模式图像，不能对 CMYK 图像进行编辑。

10.1.3 转换为智能滤镜

在 Photoshop 中，除了可以直接为图像添加滤镜效果外，还可以先将图像转换为智能对象，然后为智能对象添加滤镜效果，这样应用于智能对象的滤镜被称为智能滤镜。使用智能滤镜可以方便用户随时对添加的滤镜进行调整、移除或隐藏等操作。

下面通过实际操作来了解智能滤镜的功能和用法。

实例 10.2 使用智能滤镜修饰图像。

① 打开素材 "Photoshop 源文件与素材\第 10 章\兔子.jpg"，如图 10.6 所示。选择 "滤镜" → "转换为智能滤镜" 命令，则背景图层转换为智能滤镜图层，并在图层缩览图上显示图标，如图 10.7 所示。

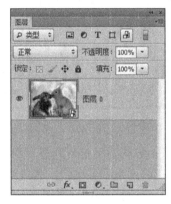

图 10.6 "兔子" 素材　　　　　　　　　　图 10.7 智能滤镜图层

② 选择 "滤镜" → "风格化" → "拼贴" 命令，弹出 "拼贴" 对话框，参数设置如图 10.8 所示，图像添加滤镜效果如图 10.9 所示。此时添加的滤镜将出现在 "图层" 面板中 "智能滤镜" 图层的下方，如图 10.10 所示。

图 10.8 "拼贴" 对话框　　　　　　　　　　图 10.9 拼贴滤镜效果

③ 单击 "拼贴" 智能滤镜前的眼睛 👁 图标，即可将滤镜效果隐藏，再次单击则将

其显示。此外，单击智能滤镜前的眼睛 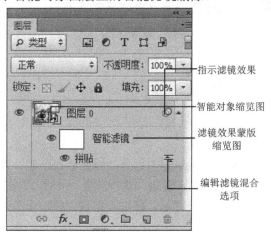 图标，则会隐藏应用于智能对象图层上的所有智能滤镜。

④ 在"图层"面板中双击"智能滤镜"，可以在弹出的对话框中对滤镜选项进行设置。双击滤镜右边的双击编辑滤镜混合选项 图标，可在弹出的"混合选项（拼贴）"对话框中编辑智能滤镜混合选项，如图 10.11 所示，效果如图 10.12 所示。

⑤ 打开"通道"面板，在面板中自动生成一个"图层 0 滤镜蒙版"通道，如图 10.13 所示。该通道实际上是图层 0 的滤镜蒙版，编辑该通道也是在编辑图层 0 的滤镜蒙版。激活该通道，确定前景色为黑色，使用画笔工具在"图层 0 滤镜蒙版"通道中涂抹，涂抹的同时根据情况适当调整笔头大小和不透明度，对滤镜蒙版通道进行编辑，如图 10.14 所示，效果如图 10.15 所示。

⑥ 通过上述操作可以看出，滤镜蒙版的工作方式与图层蒙版非常相似，可以对其使用许多相同的技巧。选择"图层"→"智能滤镜"→"清除智能滤镜"命令，将应用于智能对象图层上的智能滤镜删除。

图 10.10　"智能滤镜"图层面板

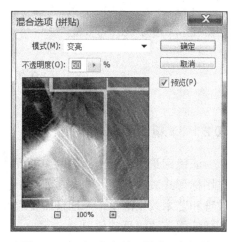

图 10.11　"混合选项（拼贴）"对话框

图 10.12　混合选项修改效果

图 10.13　"通道"面板

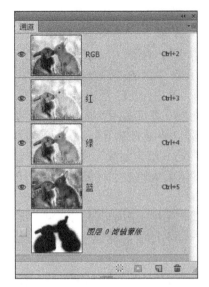

图 10.14 编辑"图层 0 滤镜蒙版"

图 10.15 最终效果

10.2 特 殊 滤 镜

10.2.1 滤镜库

滤镜库是用户应用滤镜的主要场所，本节将 Photoshop 的部分滤镜整合在一起，通过图标形式表现。使用"滤镜库"命令可以一次性打开风格化、画笔描边、扭曲、素描、纹理和艺术效果滤镜，并且只需要通过单击相应的滤镜图标，就可以在预览窗口中查看图像应用该滤镜后的效果。

用户在处理图像时，可以根据需要将某一滤镜单独使用，或者使用多个滤镜，或者将某一滤镜在图像中应用多次。使用"滤镜库"命令不但能轻松地一次性完成几种设置，还可以预览图像应用多种滤镜后的效果。

打开一幅图像后，选择"滤镜"→"滤镜库"命令，弹出"滤镜库"对话框，如图 10.16 所示。其中各选项的说明如下。

1）预览窗口：用于预览使用滤镜后的图像效果。

2）滤镜缩览图列表窗口：以缩略图的形式列出一些常用滤镜。

3）缩放区：可以对预览图进行缩放。

4）显示或隐藏滤镜缩览图：单击 按钮，可以显示或隐藏滤镜缩览列表。

5）滤镜参数：当选择不同滤镜时，此位置将显示不同的参数。

6）已应用的滤镜：这里根据应用的先后顺序列出此图像在本次滤镜操作中所应用的滤镜。

7）新建效果图层：单击 按钮可添加新的滤镜。

8）删除效果图层：单击 按钮可以删除所选滤镜图层。

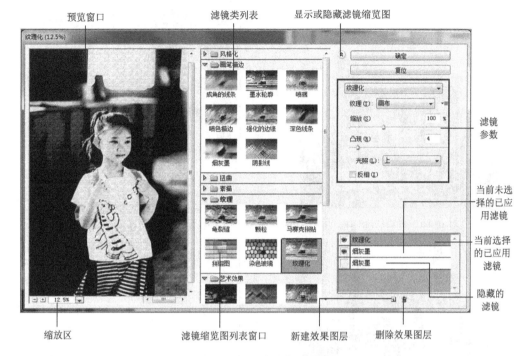

预览窗口　　　　滤镜类列表　　　显示或隐藏滤镜缩览图

滤镜参数

当前未选择的已应用滤镜

当前选择的已应用滤镜

隐藏的滤镜

缩放区　　　　滤镜缩览图列表窗口　　新建效果图层　　删除效果图层

图 10.16　"滤镜库"对话框

实例 10.3　使用"粗糙蜡笔"滤镜制作素描效果。

① 打开素材"Photoshop 源文件与素材\第 10 章\宝宝.jpg",如图 10.17 所示。

② 选择"图像"→"调整"→"去色"命令,效果如图 10.18 所示。

③ 复制背景图层得到"背景 副本"图层,按【Ctrl+I】组合键执行"反相"操作,得到如图 10.19 所示的效果。

④ 选择"滤镜"→"模糊"→"高斯模糊"命令,在弹出的对话框中设置"半径"数值为 4.5,如图 10.20 所示,效果如图 10.21 所示。

⑤ 设置"背景 副本"图层的混合模式为"颜色减淡",得到图 10.22 所示的效果。

⑥ 右击"背景 副本"图层的缩略图,在打开的菜单中选择"合并可见图层"命令,此时"图层"面板中只有一个背景。

图 10.17　"宝宝"素材

图 10.18　去色后的图像

图 10.19　反相后的图像

图 10.20　"高斯模糊"参数设置

图 10.21　模糊后的图像

图 10.22　设置混合模式后的图像

⑦ 选择"滤镜"→"滤镜库"命令，在"滤镜库"对话框的滤镜分类中选择"艺术效果"，在其列表中选择"粗糙蜡笔"选项，设置各参数如图 10.23 所示。

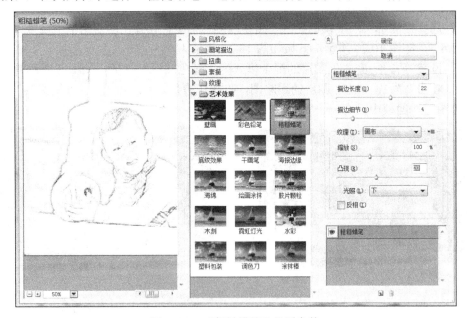

图 10.23　"粗糙蜡笔"设置参数

⑧ 选择"图像"→"调整"→"色相/饱和度"命令，弹出"色相/饱和度"对话框，设置各参数如图 10.24 所示，效果如图 10.25 所示。

图 10.24　"色相/饱和度"参数设置

图 10.25　最终效果

⑨ 将文件保存在"Photoshop 源文件与素材\第 10 章"文件夹中，命名为"素描画"，保存类型为 Photoshop 格式。

10.2.2　液化滤镜

液化滤镜可以推、拉、旋转、反射、折叠和膨胀图像的任意区域，还可以根据需要设定扭曲的范围和强度，从而使液化滤镜成为修饰图像、创建艺术效果的强大工具。

选择"滤镜"→"液化"命令，弹出"液化"对话框，其中包括多个变形工具，如图 10.26 所示。

"液化"滤镜对话框的左侧为工具箱，如图 10.27 所示。对话框右侧分为 4 个选项组，分别为"工具选项""重建选项""蒙版选项""视图选项"，如图 10.28～图 10.31 所示。

图 10.26　"液化"滤镜对话框

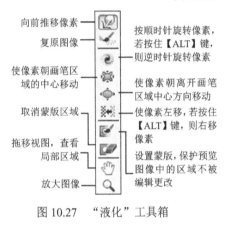

图 10.27　"液化"工具箱

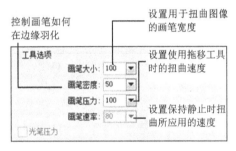

图 10.28　工具选项

图 10.29　重建选项

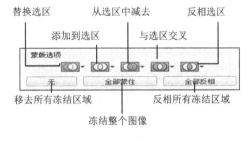

图 10.30　蒙版选项

实例 10.4　使用液化滤镜修饰人像。

① 打开素材"Photoshop 源文件与素材\第 10 章\人像.jpg",如图 10.32 所示。

② 选择"滤镜"→"液化"命令,弹出"液化"对话框。

可在预览窗口中显示图像

可在冻结区域显示覆盖颜色

可选择使用哪个图层为背景，以哪种模式，多少透明度显示

可在预览窗口中显示网格

图 10.31　视图选项

③ 选择冻结蒙版工具，在人物的眼睛、嘴唇等不需要变形的地方涂抹，在涂抹过程中可以根据设置"工具选项"中的画笔大小，得到图 10.33 所示的状态。

④ 选择向前变形工具，将"工具选项"中的"画笔密度"设置为 50，"画笔压力"为 100%，然后在人物各个部位按图 10.34 所示的箭头方向拖动。在调整之前可以适当放大人物预览图，方便调整。调整后的人像效果如图 10.35 所示。

⑤ 将文件保存在"Photoshop 源文件与素材\第 10 章"文件夹中，命名为"调整人像"，保存类型为 Photoshop 格式。

图 10.32　"人像"素材

图 10.33　冻结蒙版状态

图 10.34　调整位置

图 10.35　调整后的人像

10.2.3 消失点滤镜

使用消失点滤镜可以在保持图像透视角度不变的情况下，对图像进行复制、修复及变换等操作，选择"滤镜"→"消失点"命令即可弹出"消失点"对话框，如图 10.36 所示。"消失点"滤镜对话框左边为工具箱，共列举了 9 种工具，如图 10.37 所示，选择某个工具后，对话框中预览窗口的上方，将出现该工具的选项栏，如图 10.38 所示。

图 10.36 "消失点"滤镜对话框

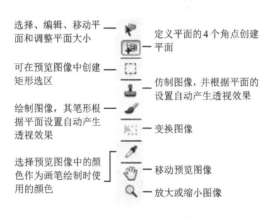

图 10.37 "消失点"工具箱

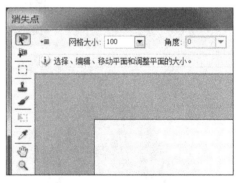

图 10.38 工具选项栏

下面通过一个例子来介绍消失点滤镜的使用。

实例 10.5 使用消失点滤镜制作手机屏保。

① 打开素材"Photoshop 源文件与素材\第 10 章\手机.jpg"。

② 按【Ctrl+J】组合键复制"背景"图层，选择"滤镜"→"消失点"命令，弹出"消失点"对话框。

③ 选择对话框左侧的创建平面工具，在手机的 4 个角点位置分别单击创建网格，单击"确定"按钮，如图 10.39 所示。

图 10.39　创建网格

④ 打开素材"Photoshop 源文件与素材/第 10 章/宝宝.jpg"。按【Ctrl+A】组合键全选图像，按【Ctrl+C】组合键复制图像，然后切换到"手机"图像窗口，再选择"滤镜"→"消失点"命令，在弹出的对话框中显示刚才创建的网格，按【Ctrl+V】组合键粘贴复制的图像，如图 10.40 所示。

图 10.40　粘贴图像

⑤ 此时鼠标指针呈 ▲形状，将复制的图像拖动到网格中，图像将会按照变形网格的形状进行变形，效果如图 10.41 所示。

图 10.41　拖动图像进入网格区

⑥ 但此时图像方向和大小都不适应手机屏幕，所以需要对此图像进行调整。选择对话框左侧的变换工具 ▣，拖动被变形的图像边缘或控制点，调整图像的大小及角度等，如图 10.42 所示。直到大小和方向调整完毕，将图像移动到合适位置，单击"确定"按钮，效果如图 10.43 所示。

图 10.42　调整图像的方向和大小

⑦ 将文件保存在"Photoshop 源文件与素材\第 10 章"文件夹中,命名为"手机屏保",保存类型为 Photoshop 格式。

图 10.43 最终效果

10.2.4 油画滤镜

油画滤镜可以让照片转换为油画,虽然油画效果跟真的油画比起来还是有区别的,但是转换出来的油画效果会让人印象深刻。选择"滤镜"→"油画"命令即可弹出"油画"对话框,如图 10.44 所示。

图 10.44 "油画"滤镜对话框

这里"画笔"有 4 个设置选项:样式化、清洁度、缩放、硬毛刷细节,通过调整这 4 个选项从而达到用户想要的油画效果。"光照"选项可以设置角方向和闪亮两个值,从而控制画布的整体光源及图像整体效果的对比度。

1)"画笔"选项的第一个设置是"样式化",设置值由低到高的效果是皱褶到平滑,可以给予画面具有油画笔触粗糙或者平滑效果,图 10.45 所示为"样式化"设置为 0.1 的效果,图 10.46 所示为"样式化"设置为 10 的效果。

图 10.45　低"样式化"设置　　　　　　图 10.46　高"样式化"设置

2）"清洁度"选项控制的是画笔边缘效果，低设置值可以获得更多的纹理和细节，如图 10.47 所示；而高设置值可以得到更加清洁的效果，如图 10.48 所示。将清洁度设置为最大值的效果是流畅的笔触效果，但相应的细节效果就会少一些。

图 10.47　低"清洁度"设置　　　　　　图 10.48　高"清洁度"设置

3）"缩放"选项是控制画笔的大小。小比例缩放就是小而较浅的笔刷，大比例缩放就是大而较厚的笔刷。图 10.49 所示为设置缩放比列为 0.1 的效果。较低的缩放比例会让画面看起来较浅。需要注意的是较浅就是用的油画颜料较少，所以会看到一个颜料比较薄的效果。较高的缩放设置值可以获得比较厚的油画效果。这是因为使用大的画笔往往使用油画颜料比较多，从而出来的效果也会比较厚实一点，如图 10.50 所示。

图 10.49　低"缩放"比例设置　　　　　　图 10.50　高"缩放"比例设置

4）"硬毛刷细节"选项是控制画笔笔毛的软硬程度。低设置值就是软轻的笔触效果，高设置值就是硬重的笔触效果。图 10.51 和图 10.52 所示为"硬毛刷细节"设置分别为 0 和 10 的效果。

图 10.51　"硬毛刷细节"设置为 0　　　　图 10.52　"硬毛刷细节"设置为 10

5）"光照"选项里的"角度"用来控制光源的角度，这样会影响阴影及亮点的效果。一般情况下，照片都有自身的光源，所以最好根据照片光源来设置角度以匹配照片本身的光源。

6）"闪亮"选项是用于调整光照强度的，从而影响整体画面的光影效果（只是油画，而非照片本身）。将闪亮设置为 0，就是将光源关掉，如图 10.53 所示；将"闪亮"设置为 10 就是最大值，获得最强对比度，如图 10.54 所示。

图 10.53　"角度"设置为 1　　　　图 10.54　"角度"设置为 2

将"样式化"设置为 4，"清洁度"设置为 4，"缩放"设置为 7，"硬毛刷细节"设置为 5，"角度"设置为 5，"闪亮"设置为 0.5，最终效果如图 10.55 所示。

10.2.5　镜头校正滤镜

镜头校正滤镜根据各种相机与镜头的测量自动校正，可以轻易消除桶状和枕状变形、相片周边暗

图 10.55　油画效果

角，以及造成边缘出现彩色光晕的色相差。打开一幅图像，选择"滤镜"→"镜头矫正"命令即可弹出"镜头矫正"对话框，如图 10.56 所示。对话框左边为工具箱，共列举了 5 种工具，分别为移去扭曲工具、拉直工具、移动网格工具、抓手工具和缩放工具。"镜头矫正"滤镜的设置包括"自动矫正"和"自定"两个选项卡，如图 10.57 和图 10.58 所示。

图 10.56 "镜头矫正"滤镜对话框

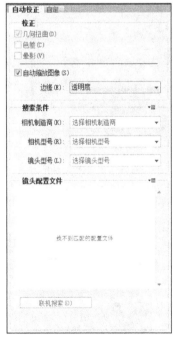

图 10.57 "自动校正"选项卡

图 10.58 "自定"选项卡

1. 移去几何扭曲

根据各种相机与镜头的测量自动校正，可以轻易消除桶状和枕状变形。

实例 10.6 使用镜头扭曲移去图像桶状变形。

① 打开素材 "Photoshop 源文件与素材\第 10 章\建筑.jpg"，如图 10.59 所示。观察此图有严重的桶状变形。

② 按【Ctrl+J】组合键复制 "背景" 图层，选择 "滤镜" → "镜头矫正" 命令，打开 "镜头矫正" 对话框。

③ 选择 "自定" 选项卡，将 "移去扭曲" 设置为+100，修正桶状变形。单击 "确定" 按钮返回主界面，效果如图 10.60 所示。

图 10.59 "建筑" 素材　　　　　　　　　图 10.60 首次修正

④ 看到图中首次修正后的效果，桶状变形依然明显，再次选择 "滤镜" → "镜头矫正" 命令，或者按【Ctrl+F】组合键再次执行镜头矫正，效果如图 10.61 所示。

⑤ 再按【Ctrl+F】组合键直到修正效果满意为止，本例一共执行 4 次。

⑥ "背景组合键副本" 图层中显示的是修正过后的画面。单击该图层缩略图前方的眼睛 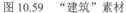 图标，可以切换该图层的可见状态，对比两种状态。如果对调整结果满意，保持该图层可见，并选择 "图层" → "合并可见图层" 命令，最终效果如图 10.62 所示

⑦ 将文件保存在 "Photoshop 源文件与素材\第 10 章" 文件夹中，命名为 "修正扭曲"，保存类型为 Photoshop 格式。

图 10.61　再次修正 　　　　　　　　　　　图 10.62　最终效果

2. 消除四周暗角

镜头广角拍摄可能会给画面四周带来严重的暗角。暗角是镜头的一种光学瑕疵，镜头中心部分通常是光学表现最好的部分，而边缘则可能出现暗角或者如桶状畸变一类的其他瑕疵。

实例 10.7　使用镜头扭曲消除图像四周暗角。

① 打开素材"Photoshop 源文件与素材\第 10 章\蒲公英.jpg"，如图 10.63 所示。

图 10.63　"蒲公英"素材

② 按【Ctrl+J】组合键复制"背景"图层，选择"滤镜"→"镜头矫正"命令，弹出"镜头矫正"对话框，如图 10.64 所示。

③ 选择"自定"选项卡，将"晕影"的"数量"设置为+90，提亮画面暗角。这样做的同时也会对部分曝光正确的天空造成影响，为了避免这种情况，将"中点"设置为

+80，保持天空中的淡蓝色影调。单击"确定"按钮返回主界面，效果如图 10.65 所示。

图 10.64 "镜头矫正"对话框

④ 看到图中首次修正的效果还是有部分暗角，再次执行第③步操作。设置"晕影"的"数量"为+40，将"中点"设置为+70，单击"确定"按钮。

⑤"背景 副本"图层中显示的是修正过后的画面。单击该图层缩略图前方的眼睛 图标，可以切换该图层的可见状态，对比两种状态。如果对调整结果满意，保持该图层可见，并选择"图层"→"合并可见图层"命令，最终效果如图 10.66 所示

图 10.65 首次提高暗角效果 　　　　　　图 10.66 最终效果

⑥ 将文件保存在"Photoshop 源文件与素材\第 10 章"文件夹中，命名为"调整暗角"，保存类型为 Photoshop 格式。

3. 校正图像倾斜

实例 10.8 使用镜头扭曲移去修正图像倾斜视角。

① 打开素材"Photoshop 源文件与素材\第 10 章\倾斜建筑.jpg"，如图 10.67 所示。观察此图明显向后倾斜。

② 按【Ctrl+J】组合键复制"背景"图层，选择"滤镜"→"镜头矫正"命令，弹

出"镜头矫正"对话框。

③ 勾选对话框下方的"显示网格"复选框，通过网格线来参考修正结果。选择"自定"选项卡，将"变换"中的"垂直透视"设置为-27，修正倾斜图像。单击"确定"按钮返回主界面，效果如图 10.68 所示。

④ "背景 副本"图层中显示的是修正后的画面。单击该图层缩略图前方的眼睛  图标，可以切换该图层的可见状态，对比两种状态。如果对调整结果满意，保持该图层可见，并选择"图层"→"合并可见图层"命令。

⑤ 将文件保存在"Photoshop 源文件与素材\第 10 章"文件夹中，命名为"修正倾斜"，保存类型为 Photoshop 格式。

图 10.67　"倾斜建筑"素材

图 10.68　修正后的效果

10.3　常规滤镜命令

Photoshop 中还有许多神奇的滤镜，这里通过几个实例来介绍一些其他滤镜的使用方法。

10.3.1　风格化滤镜组

图 10.69　"风格化"菜单

风格化滤镜组通过置换图像中的像素和通过查找并增加图像的对比度，使图像产生绘画或印象派风格的艺术效果。选择"滤镜"→"风格化"命令，在打开的子菜单中可以看到风格化滤镜组的全部内容，如图 10.69 所示。使用这些滤镜可以创建类似彩色铅笔勾描图像轮廓的效果，以及浮雕和霓虹灯等效果。图 10.70 所示为风格化滤镜制作的图像特殊效果。

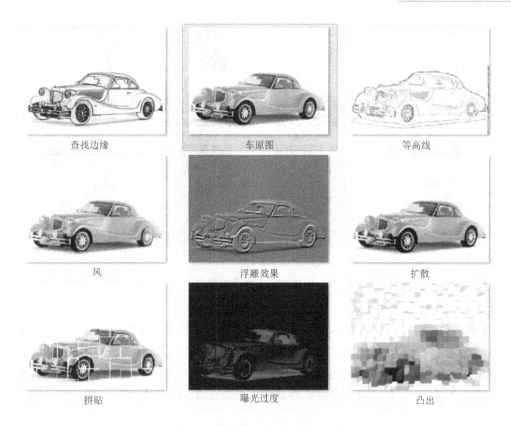

查找边缘　　　　　　车原图　　　　　　等高线

风　　　　　　浮雕效果　　　　　　扩散

拼贴　　　　　　曝光过度　　　　　　凸出

图 10.70　风格化滤镜制作的图像效果

10.3.2　模糊滤镜组

使用模糊滤镜组中的滤镜命令可以将图像边缘过于清晰或对比度过于强烈的区域进行模糊，产生各种不同的模糊效果，起到柔化图像的作用。使用选区工具选择特定图像以外的区域进行模糊，可以强调要突出的部分。

选择"滤镜"→"模糊"命令，在打开的子菜单中可以看到模糊滤镜组的全部内容，如图 10.71 所示。模糊滤镜可以模仿物体高速运动时曝光的摄影手法，以及创建各种模糊效果，图 10.72 所示为应用这些滤镜制作的图片效果。

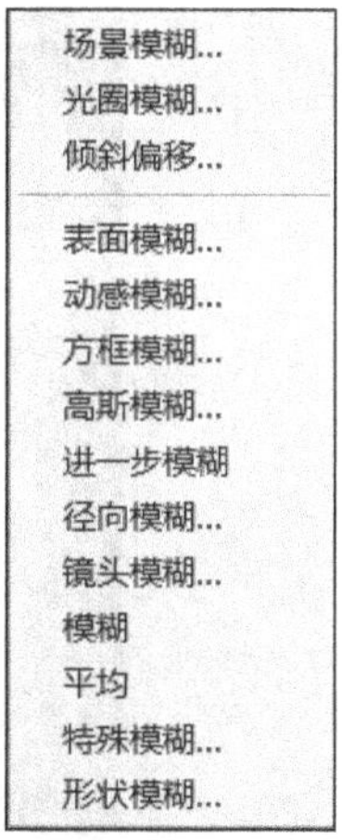

1. 场景模糊

场景模糊滤镜可以对图片进行焦距调整，这与拍摄照片的原理一样，选择相应的主体后，主体之前及之后的物体就会相应的模糊。选择的镜头不同，模糊的方法也略有差别。不过场景模糊可以对一幅图片的全局或多个局部进行模糊处理。

场景模糊…
光圈模糊…
倾斜偏移…

表面模糊…
动感模糊…
方框模糊…
高斯模糊…
进一步模糊
径向模糊…
镜头模糊…
模糊
平均
特殊模糊…
形状模糊…

图 10.71　"模糊"菜单

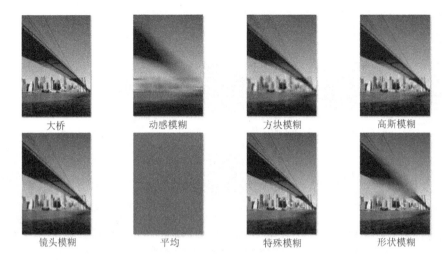

| 大桥 | 动感模糊 | 方块模糊 | 高斯模糊 |

| 镜头模糊 | 平均 | 特殊模糊 | 形状模糊 |

图 10.72　各种模糊效果

选择"滤镜"→"模糊"→"场景模糊"命令，打开"场景模糊"设置面板，如图 10.73 所示。图片的中心会出现一个黑圈带有白边的图形，同时鼠标指针变成大头针形状且旁边带有"+"，在图片所需模糊的位置点单击就可以新增一个模糊区域。单击模糊圈的中心可以选择相应的模糊点，可以在数值文本框中设置参数，也可以按住鼠标左键移动，按【Delete】键可以删除。参数设定好后按【Enter】键确认即可。

图 10.73　"场景模糊"设置面板

实例 10.9　使用场景模糊滤镜修饰人像照片。

① 打开素材"Photoshop 源文件与素材\第 10 章\人像.jpg"，如图 10.74 所示。

② 使用快速选择工具将人像部分选中，选择"选择"→"修改"→"羽化"命令，在弹出的对话框中设置羽化值为 10 像素。

③ 按【Ctrl+J】组合键复制选区生成"图层 1"图层。

④ 选择"背景"图层，选择"滤镜"→"模糊"→"场景模糊"命令，设置"场景模糊"中的模糊值为 20，并设置"光源散景"为 20%。

⑤ 单击"确定"按钮返回主界面，效果如图 10.75 所示。

⑥ 将文件保存在"Photoshop 源文件与素材\第 10 章"文件夹中，命名为"人像场景模糊"，保存类型为 Photoshop 格式。

图 10.74　"人像"素材　　　　　　　图 10.75　人像场景模糊效果

"场景模糊"面板的右侧是"模糊效果"设置，包括光源散景、散景颜色、光照范围 3 个选项。散景属于摄影术语，散景是图像中焦点以外的发光区域，类似光斑效果。

光源散景：控制散景的亮度，也就是图像中高光区域的亮度，数值越大亮度越高。

散景颜色：控制高光区域的颜色，由于是高光，颜色一般都比较淡。

光照范围：用色阶来控制高光范围，取值范围为 0～255 之间的数值，范围越大高光范围越大，相反高光就越少，用户可以自由控制。

2．光圈模糊

光圈模糊滤镜是用类似相机的镜头来对焦，焦点周围的图像会相应的模糊。选择"滤镜"→"模糊"→"光圈模糊"命令，打开"光圈模糊"设置面板，如图 10.76 所示。在图像中间出现一个小圆环，把中心的黑白圆环移到图片中需要对焦的物体上面，然后可以进行参数及圆环大小的设置。与场景模糊一样可以添加多个大头针来控制图像不同区域的模糊。

外围的 4 个小菱形叫做手柄，选择相应的一个拖动，可以把圆形区域的某个方向拉大，把圆形变成椭圆形，同时还可以旋转。圆环右上角的白色菱形叫做圆度手柄，选择后按住鼠标左键向外拖动，可以把圆形或椭圆形变成圆角矩形，再往里拖又可以缩回来。

位于内侧的 4 个白点叫做羽化手柄，可以控制羽化焦点到圆环外围的羽化过渡。设置参数后按【Enter】键确认模糊效果。对上例图像素材进行光圈模糊滤镜，执行效果如图 10.77 所示。

图 10.76　"光圈模糊"设置面板　　　　图 10.77　人像光圈模糊效果

3.　倾斜偏移

倾斜偏移滤镜是用来模仿微距图片拍摄的效果，比较适合俯拍或者镜头有点倾斜的图片使用。

选择"滤镜"→"模糊"→"场景模糊"命令，打开"倾斜偏移"设置面板，如图 10.78 所示。这里有两组平行的线条。最里面的两条直线区域为聚焦区，位于这个区域的图像是清晰的，并且中间有两个小方块，叫做旋转手柄，可以旋转线条的角度及调大聚焦区的区域。

聚焦区以外、虚线区以内的部分为模糊过渡区，把鼠标指针移到虚线位置拖动可以拉大或缩小相应模糊区的区域。最外围的部分为模糊区，先把中心点移到主体位置，这样就可以预览模糊后的效果，在参数设置文本框可以设置模糊数值及扭曲数值。

扭曲是广角镜或一些其他镜头拍摄出现移位的现象。扭曲只对图片底部的图像进行扭曲处理，勾选"对称扭曲"复选框后，顶部及底部图像同时扭曲。对上例图像素材进行"倾斜偏移"滤镜操作，效果如图 10.79 所示。

图 10.78   "倾斜偏移"设置面板

图 10.79   人像倾斜偏移效果

4. 表面模糊

表面模糊滤镜可以自动查找图像边缘,并保留这些边缘图像,然后对边缘图像以外的图像进行模糊,以消除图像表面的杂点。本例以修复一幅人像照片讲解此滤镜的用法。

实例 10.10   使用表面模糊滤镜修饰人像照片。

① 打开素材"Photoshop 源文件与素材\第 8 章\人物 1.jpg",如图 10.80 所示。

图 10.80   "人物 1"素材

② 复制"背景"图层得到"背景 副本",选择"滤镜"→"模糊"→"表面模糊"命令,弹出"表面模糊"对话框,设置各参数如图 10.81 所示,单击"确定"按钮退出。

③ 单击添加图层蒙版 按钮,为"背景 副本"添加蒙版,设置前景色为黑色,选择画笔工具,设置适合的画笔大小,并将"硬度"设为 0%,在人物的眼睛和眉毛处涂抹,得到图 10.82 所示的效果。

图 10.81　"表面模糊"参数设置　　　　　　图 10.82　最终效果

④ 将文件保存在"Photoshop 源文件与素材\第 10 章"文件夹中,命名为"表面模糊",保存类型为 Photoshop 格式。

5. 径向模糊

实例 10.11　使用径向模糊滤镜制作爆炸效果。
① 打开素材"Photoshop 源文件与素材\第 10 章\人物 2.jpg",如图 10.83 所示。
② 使用快速选择工具,将图像中的人物大致选取出来,如图 10.84 所示。

图 10.83　"人物 2"素材　　　　　　　图 10.84　建立选区

③ 执行"选择"→"修改"→"羽化"命令,在弹出的对话框中设置羽化值为 5 像素。
④ 按【Ctrl+J】组合键,复制选区内的图像生成一个新的"图层 1"。
⑤ 选择"滤镜"→"模糊"→"径向模糊"命令,打开"径向模糊"对话框。勾选模糊方法中的"缩放"单选按钮,设置"数量"为 45,将模糊中心设定为人物的中心

位置，如图 10.85 所示，单击"确定"按钮退出，效果如图 10.86 所示。

图 10.85 "径向模糊"对话框　　　　　图 10.86 径向模糊效果

⑥ 如果感觉爆炸效果太强烈，可以降低背景副本层的不透明度。

⑦ 将文件保存在"Photoshop 源文件与素材\第 10 章"文件夹中，命名为"爆炸"，保存类型为 Photoshop 格式。

径向模糊所产生的放射线效果对视线有明显的引导作用，能够突出主体，弱化背景，若使用得当可以让照片产生强烈的视觉冲击感。

10.3.3 扭曲滤镜组

扭曲滤镜主要是通过移动、扩展或缩小构成图像的像素，使图像产生各种各样的扭曲变形，创建或其他整形效果。在使用过程中需要注意的是，此滤镜可能占用大量内存，从而导致程序运行变慢。

选择"滤镜"→"扭曲"命令，在打开的子菜单中可以看到扭曲滤镜组的全部内容，如图 10.87 所示。对同一图像应用各种扭曲滤镜制作的图片效果如图 10.88 所示。

1. 波浪滤镜

图 10.87 "扭曲"菜单

波浪扭曲滤镜可以根据用户设置的不同波长和波幅产生不同的波纹效果，在图像上创建波状起伏的图案，生成波浪效果。选择"滤镜"→"扭曲"→"波浪"命令，打开"波浪"滤镜对话框，如图 10.89 所示。选项和说明如下。

1）生成器数：设置波纹生成的数量。可以直接输入数位或拖动滑块来修改参数，值越大，波纹的数量越多，取值范围为 1～999。

2）波长：设置相邻两个波峰之间的距离。可以分别设置"最小"波长和"最大"波长，且"最小"波长不能超过"最大"波长。

3）波幅：设置波浪的高度。可以分别设置"最大"波幅和"最小"波幅，同样"最小"波幅不能超过"最大"波幅。

4）比例：设置波纹在"水平"和"垂直"方向上的缩放比例。

5）类型：设置生成波纹的类型，包括"正弦""三角形""方形"。

6）随机化：单击此按钮，可以在不改变参数的情况下，改变波浪的效果。多次单击可以生成更多的波浪效果。

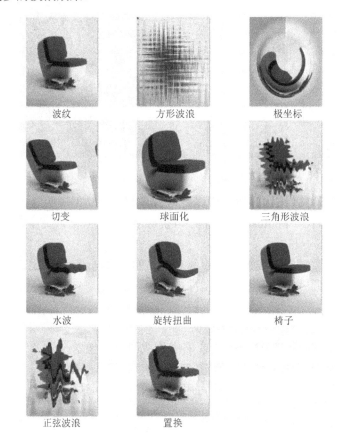

波纹　　　　　　　　方形波浪　　　　　　　　极坐标

切变　　　　　　　　球面化　　　　　　　　三角形波浪

水波　　　　　　　　旋转扭曲　　　　　　　　椅子

正弦波浪　　　　　　　　置换

图 10.88　各种扭曲滤镜制作的图像效果

7）未定义区域：设置像素波动后边缘空缺的处理方法。勾选"折回"单选按钮，表示将超出边缘位置的图像在另一侧折回；勾选"重复边缘像素"单选按钮，表示将超出边缘位置的图像搬到图像的边界上。

实例 10.12　使用波浪滤镜制作波浪效果。

① 按【Ctrl+N】组合键新建一个空白文档，新建一个空白图层，在工具箱中选择矩形工具，在图像窗口中绘制一个矩形，并填充颜色，如图 10.89 所示。

② 选择"滤镜"→"扭曲"→"波浪"命令，在弹出的"波浪"滤镜对话框中设置参数（见图 10.90）。

③ 单击"确定"按钮退出，效果如图 10.91 所示。

④ 在"生成器数"不变的情况下多次单击"随机化"按钮，生成的波浪效果如图 10.92 所示。

⑤ 将文件保存在"Photoshop 源文件与素材\第 10 章"文件夹中，命名为"波浪"，保存类型为 Photoshop 格式。

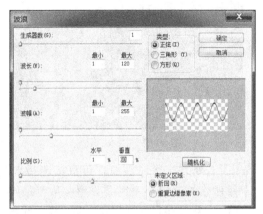

图 10.89　绘制矩形　　　　　　　图 10.90　"波浪"滤镜对话框

图 10.91　波浪　　　　　　　　　图 10.92　随机化波浪

2. 水波滤镜

Photoshop 中制作水波纹的滤镜有 4 个，水波可以用来制作水池中的径向波纹；波浪可以通过多组参数设置，实现水面层层波浪的效果；"波纹"在选区上创建波状起伏的图案，像水池表面的波纹；海洋波纹将随机分隔的波纹添加到图像表面，使图像看上去是在水中。本例使用水波和波纹制作水池波纹效果。

实例 10.13　用水波滤镜制作水波纹效果。

① 打开素材"Photoshop 源文件与素材\第 10 章\水.jpg"，如图 10.93 所示。

② 使用工具箱中的椭圆选框工具，设置适当的羽化值为 20，在图像中选择创建水池波纹的选区范围，如图 10.94 所示。

③ 选择"滤镜"→"扭曲"→"水波"命令，弹出"水波"对话框，在"样式"下拉列表框中选择"水池波纹"选项，"数量"参数决定了波纹圈的多少，"起伏"参数控制波纹起伏褶皱的程度，可以根据所选区域来调整。本例设置如图 10.95 所示。

④ 再次使用圆形选框工具，在图像中选择所需的水池波纹范围，选择"滤镜"→"扭曲"→"水波"命令，弹出"水波"对话框，在"样式"下拉列表框中选择"围绕中心"选项，提高"数量"参数值，降低"起伏"参数值，可以得到很逼真的水波纹效果。本例设置如图 10.96 所示。

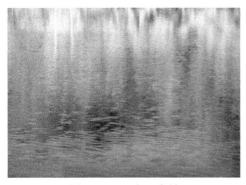

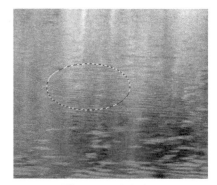

图 10.93　"水"素材　　　　　　　　　　　图 10.94　建立选区

⑤ 若制作多个水波纹，可直接选择水波选区，选择"滤镜"→"水波"命令，相当于重做水波滤镜，不需要设置参数。最终效果如图 10.97 所示。

⑥ 将文件保存在"Photoshop 源文件与素材\第 10 章"文件夹中，命名为"起伏水面"，保存类型为 Photoshop 格式。

图 10.95　"水池波纹"设置　　　　　　　图 10.96　"围绕中心"设置

图 10.97　最终效果

3．置换滤镜

置换滤镜最常用的功能是将一种纹理附加到目标物体上，也可以将这个物体附加到纹理上。

实例 10.14 使用置换滤镜制作墙壁涂鸦画。

① 首先制作置换图像，打开素材"Photoshop 源文件与素材\第 10 章\墙壁.jpg"，如图 10.98 所示。

② 选择"图像"→"调整"→"去色"命令，效果如图 10.99 所示。为了防止有撕裂效果，需要对此图像做模糊处理。选择"滤镜"→"模糊"→"高斯模糊"命令，在弹出的对话框中设置半径值为 2；再选择"图像"→"模式"→"灰度"命令，将图像变成灰度图像，效果如图 10.100 所示。选择"文件"→"存储为"命令，将文件保存在"Photoshop 源文件与素材\第 10 章"文件夹中，命名为"墙壁置换"，保存类型为 Photoshop格式。至此墙壁置换图像制作完毕。

图 10.98 "墙壁"素材

图 10.99 去色效果

③ 打开素材"Photoshop 源文件与素材\第 10 章\涂鸦文字.jpg"，如图 10.101 所示。

④ 再次打开"墙壁"素材，将"涂鸦文字"移动到"墙壁"图像中，生成"图层 1"。

图 10.100 模糊效果

图 10.101 "涂鸦文字"素材

⑤ 将"图层 1"的"图层混合模式"设置为"正片叠底"，效果如图 10.102 所示。

此时的图像感觉像融合在一起，但是涂鸦文字边缘明显过于清晰和平整，所以需要调整。

⑥ 选择"图层 1"，选择"滤镜"→"扭曲"→"置换"命令，弹出"置换"对话框，设置如图 10.103 所示的参数。打开文件对话框，选择步骤②中保存的"墙壁置换"图像。置换效果如图 10.104 所示。

图 10.102　正片叠底效果

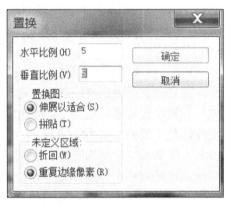

图 10.103　"置换"参数设置

图 10.104　置换图像效果

⑦ 将文件保存在"Photoshop 源文件与素材\第 10 章"文件夹中，命名为"墙壁涂鸦"，保存类型为 Photoshop 格式。

10.3.4　锐化滤镜组

锐化滤镜组中的滤镜命令通过增加相邻像素的对比度来聚焦模糊的图像，使图像更加清晰，画面更加鲜明。选择"滤镜"→"锐化"命令，在打开的子菜单中可以看到"锐化"滤镜组的全部内容，包括 USM 锐化、锐化、进一步锐化、锐化边缘和智能锐化滤镜命令。使用这些滤镜不仅能够作用于图像的全部像素，提高图像的颜色对比，使图像清晰，还能够只对图像的边缘进行锐化，表现出细致的颜色对比。

1. USM 锐化滤镜

USM 锐化是一个常用的技术，简称 USM，用来锐化图像中的边缘。可以快速调整图像边缘细节的对比度，并在边缘的两侧生成一条亮线和一条暗线，使画面整体更加清晰。对于高分辨率的输出，通常锐化效果在屏幕上的显示比印刷出来的更明显。

打开一幅图像，选择"滤镜"→"锐化"→"USM锐化"命令，弹出"USM 锐化"对话框，如图 10.105 所示。其中"数量"表示控制锐化效果的强度；"半径"指定锐化的半径，该设置决定了边缘像素周围影响锐化的像素数，图像的分辨率越高，半径设置应越大；"阈值"则指相邻像素之间的比较值，该设置决定了像素的色调必须与周边区域的像素相差多少才被视为边缘像素，进而使用 USM 滤镜对其进行锐化，默认值为 0，这将锐化图像中所有的像素。

图 10.105　"USM 锐化"对话框

2. 锐化滤镜

锐化滤镜可以通过增加相邻像素点之间的对比，使图像清晰化，提高对比度，使画面更加鲜明。此滤镜锐化程度较为轻微。

3. 进一步锐化滤镜

进一步锐化滤镜可以产生强烈的锐化效果，用于提高对比度和清晰度。"进一步锐化"滤镜比"锐化"滤镜应用更强的锐化效果。应用"进一步锐化"滤镜可以获得执行多次"锐化"滤镜的效果。

4. 锐化边缘滤镜

锐化边缘滤镜只锐化图像的边缘，同时保留总体的平滑度。使用此滤镜在不指定数量的情况下锐化边缘。

5. 智能锐化滤镜

智能锐化滤镜具有 USM 锐化滤镜所没有的锐化控制功能，可以设置锐化算法，或者控制在阴影和高光区域中的锐化量，而且能避免色晕等问题。

实例 10.15　使用 USM 锐化滤镜将模糊图像变清晰。

① 打开素材"Photoshop 源文件与素材\第 10 章\模糊人像.jpg"，如图 10.106 所示。

② 复制"背景"图层，生成"背景 副本"图层，将此图层的"图层混合模式"设置为"柔光"。选择"滤镜"→"锐化"→"USM 锐化"命令，设置"数量"为 500%，"半径"为 8.0，"阈值"为 2，单击"确定"按钮，效果如图 10.107 所示。

图 10.106　"模糊人像"素材

图 10.107　锐化背景副本

③ 选择"图像"→"模式"→"Lab 颜色"命令，在打开的窗口中选择"拼合"图层，单击"确定"按钮，重新生成"背景"图层。回到"图层"面板，复制合并后的"背景"图层生成新的"背景 副本"图层。

④ 选择"背景 副本"图层，切换到"通道"面板，选择"明度"通道；选择"滤镜"→"锐化"→"USM 锐化"命令，设置"数量"为 150%，"半径"为 4.0，"阈值"为 1，将这个通道锐化处理，如图 10.108 所示。

⑤ 回到"图层"面板，将"背景 副本"图层的混合模式修改为"柔光"，此时的图像不仅画面更清晰，色彩也更加绚丽，最后将图层合并为一个图层，效果如图 10.109 所示。

图 10.108　锐化明度通道

图 10.109　最终效果

⑥ 将文件保存在"Photoshop 源文件与素材\第 10 章"文件夹中，命名为"清晰人

像"，保存类型为 Photoshop 格式。

10.3.5　视频滤镜组

视频滤镜属于 Photoshop 的外部接口程序，用来从摄像机输入图像或者将图像输出到其他存储介质上。选择"滤镜"→"视频"命令，在子菜单中可以看到该滤镜组只有"NTSC 颜色"和"逐行"两种滤镜，这两个滤镜可转换图像中的色域，适合 NTSC 视频标准色域，以使图像可被接收。另外，还可通过消除图像中异常交错线来光滑影视图像，利用复制或内插法转换失去的像素。注意，这两个滤镜只有图像在电视或其他视频设备上播放时才会用到。

10.3.6　像素化滤镜组

像素化滤镜组可以将图像中颜色相近的像素结成块，或者将图像平面化。打开一幅图像，选择"滤镜"→"像素化"命令，在打开的子菜单中可以看到像素化滤镜组的全部内容，包括彩块化、彩色半调、点状化、晶格化、马赛克、碎片和铜版雕刻。这些滤镜可以创建如手绘、抽象派绘画及雕刻版画等效果，图 10.110 所示为运用各像素化滤镜制作的图片效果。

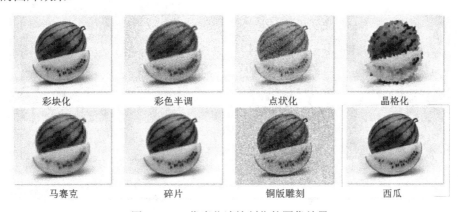

图 10.110　像素化滤镜制作的图像效果

10.3.7　渲染滤镜组

渲染滤镜组可以改变图像的光感效果。例如，模拟图像场景中放置不同的灯光，产生不同的光源效果和夜景等，与通道相配合产生一种特殊的三维浮雕效果。选择"滤镜"→"渲染"命令，在打开的子菜单中可以看到"像素化"滤镜组的全部内容，包括分层云彩、光照效果、镜头光晕、纤维和云彩命令，这些滤镜可以创建与大理石纹理相似的图案，以及璀璨的星光和强烈的日光等效果。

实例 10.16　使用云彩滤镜制作云雾效果。

① 打开素材"Photoshop 源文件与素材\第 10 章\风景.jpg"，如图 10.111 所示。

② 新建图层得到"图层 1"，将前景色和背景色恢复成默认的黑、白色。选择"滤镜"→"渲染"→"云彩"命令，得到图 10.112 所示的效果。

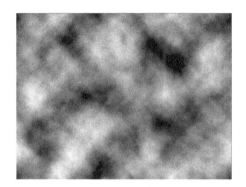

图 10.111 "风景"素材　　　　　　　　　　图 10.112 云彩效果

③ 设置"图层 1"的混合模式为"滤色"，效果如图 10.113 所示。

④ 单击"图层 1"的缩览图，选择"图像"→"调整"→"曲线"命令，或者按【Ctrl+M】组合键，弹出对话框，曲线设置如图 10.114 所示，单击"确定"按钮退出对话框，得到图 10.115 所示的效果。

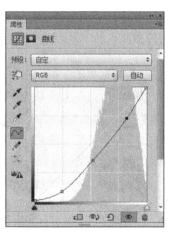

图 10.113 "滤色"效果　　　　　　　　　　图 10.114 "曲线"设置

图 10.115 最终效果

⑤ 将文件保存在"Photoshop 源文件与素材\第 10 章"文件夹中，命名为"云雾"，保存类型为 Photoshop 格式。

实例 10.17 使用分层云彩滤镜制作星空效果。

① 新建一个 800 像素×600 像素的黑色背景图像，选择"滤镜"→"杂色"→"添加杂色"命令，弹出"添加杂色"对话框，设置参数如图 10.116 所示，效果如图 10.117 所示。

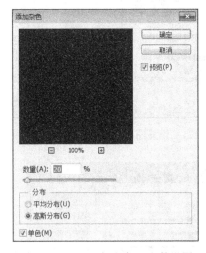

图 10.116 "添加杂色"参数设置

图 10.117 添加杂色效果

② 选择"图像"→"调整"→"色阶"命令，弹出调整色阶参数如图 10.118 所示，效果如图 10.119 所示。

图 10.118 "色阶"参数设置

图 10.119 调整色阶效果

③ 新建"图层 1"，填充为黑色，选择"滤镜"→"渲染"→"分层云彩"命令，然后按【Ctrl+F】组合键重复执行"分层云彩"命令，效果如图 10.120 所示。双击此图层，按图 10.121 所示设置图层混合模式，其中"混合颜色带"上的三角滑标需要按【Alt】键，将其分开成两个小三角滑块，并单独设置，单击"确定"按钮，效果如图 10.122 所示。然后为图层着色，选择"图像"→"调整"→"色彩平衡"命令，调整参数如图 10.123 所示，效果如图 10.124 所示。

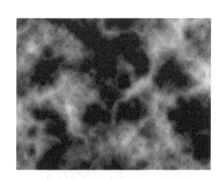

图 10.120　分层云彩效果

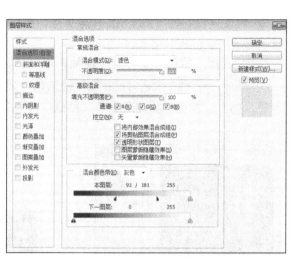

图 10.121　设置图层 1 混合模式

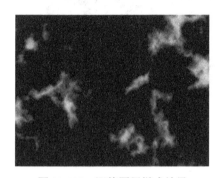

图 10.122　调整图层样式效果

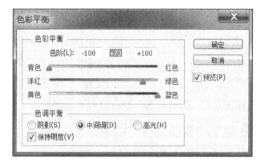

图 10.123　"色彩平衡"参数设置（图层 1）

④ 再次新建"图层 2"，填充为黑色，按上述步骤选择"分层云彩"命令，效果如图 10.125 所示。双击此图层，按图 10.126 所示设置图层混合模式，单击"确定"按钮，效果图 10.127 所示。选择"图像"→"调整"→"色彩平衡"命令，调整参数如图 10.128 所示，效果如图 10.129 所示。

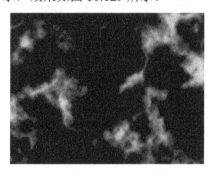

图 10.124　调整色彩平衡效果

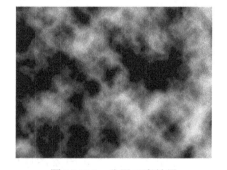

图 10.125　分层云彩效果

⑤ 为增加星空亮度，选择"背景"图层，创建"曲线"调整图层，调整曲线和效果如图 10.130 所示。

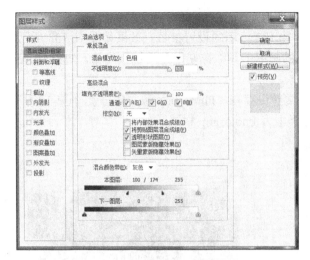

图 10.126　设置图层 2 混合模式

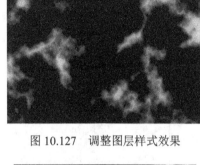

图 10.127　调整图层样式效果

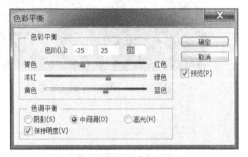

图 10.128　"色彩平衡"参数设置（图层 2）

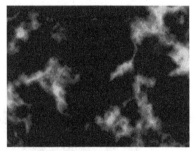

图 10.129　调整色彩平衡效果

⑥ 为星空添加镜头光晕，选择"背景"图层，选择"滤镜"→"渲染"→"镜头光晕"命令，弹出"镜头光晕"对话框，按图 10.131 所示设置参数。

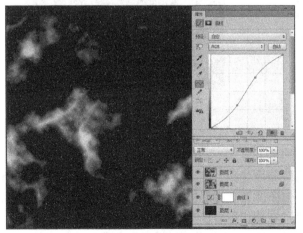

图 10.130　添加调整曲线图层

图 10.131　"镜头光晕"参数设置

⑦ 按【Ctrl+J】组合键复制"背景"图层，选择"滤镜"→"渲染"→"镜头光晕"命令，弹出"镜头光晕"对话框，按图 10.132 所示的设置参数，效果如图 10.133 所示。为此图层添加图层蒙版，然后使用黑色的画笔工具涂抹左上角的镜头光晕，如图 10.134 所示。

⑧ 最终效果如图 10.135 所示，将文件保存在"Photoshop 源文件与素材\第 10 章"文件夹中，命名为"奇幻星空"，保存类型为 Photoshop 格式。

图 10.132　"镜头光晕"参数设置

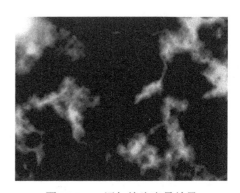

图 10.133　添加镜头光晕效果

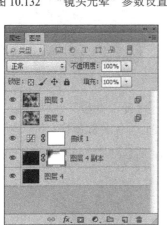

图 10.134　添加图层蒙版

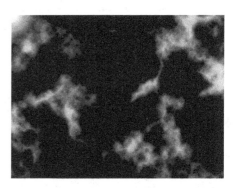

图 10.135　最终效果

10.3.8　添加杂色滤镜组

添加杂色滤镜组中的滤镜命令可以将图像按一定的方式混入杂点，或者删除图像中的杂点，创建与众不同的纹理或者移去图像上有问题的区域，如扫描照片上的灰尘和划痕。该滤镜对图像有优化的作用，因此在输出图像的时候经常使用。

选择"滤镜"→"杂色"命令，在打开的子菜单中可以看到杂色滤镜组的全部内容，分别为减少杂色、蒙尘与划痕、去斑、添加杂色、中间值滤镜，其中减少杂色、蒙尘与划痕、去斑、中间值滤镜主要用于消除图像的瑕疵。

实例 10.18 使用添加杂色滤镜制作胶片照片。

① 打开素材"Photoshop 源文件与素材\第 10 章\数码照片.jpg",如图 10.136 所示。

② 选择"滤镜"→"杂色"→"添加杂色"命令,在弹出的对话框中设置如图 10.137 所示的参数,得到图 10.138 所示的效果。

③ 选择"调整"→"照片滤镜"选项,为图像添加调整图层,在"照片滤镜"的属性框中选择"黄"的滤镜,"浓度"设置为 50%,如图 10.139 所示,效果如图 10.140 所示。

④ 选择"调整"→"色相/饱和度"选项,再为图像添加调整图层,设置参数如图 10.141 所示,得到图 10.142 所示的效果。

图 10.136 "数码照片"素材

图 10.137 "添加杂色"参数设置　　图 10.138 添加杂色效果　　图 10.139 "照片滤镜"参数设置

图 10.140 添加照片滤镜效果　　图 10.141 "色相/饱和度"参数设置　　图 10.142 胶片照片效果

⑤ 将文件保存在 "Photoshop 源文件与素材\第 10 章" 文件夹中，命名为 "胶片照片"，保存类型为 Photoshop 格式。

10.3.9 其它滤镜组

其它滤镜组中的滤镜可以改变构成图像的像素排列，并且允许用户创建自己的滤镜，使用滤镜修改蒙版，在图像中使选区发生位移和快速调整颜色。选择 "滤镜" → "其它" 命令，在打开的子菜单中可以看到其它滤镜组的全部内容，包括高反差保留、位移、自定、最大值和最小值滤镜命令，其中使用最大值和最小值滤镜，对于修改蒙版非常有用。图 10.143 所示为应用其它滤镜制作的图片效果。

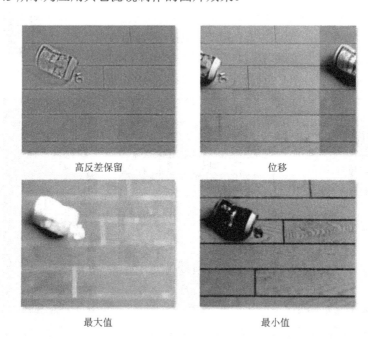

高反差保留　　　　　　　　　　　　　　位移

最大值　　　　　　　　　　　　　　　　最小值

图 10.143　其它滤镜制作的图像效果

参 考 文 献

柏松，2012．Photoshop CS6 完全自学手册[M]．2 版．北京：清华大学出版社．

董明秀，2013．Photoshop CS6 圣经[M]．北京：清华大学出版社．

金昊，2013．Photoshop CS6 数码照片处理白金手册[M]．北京：清华大学出版社．

龙视觉，2013．Photoshop CS6 中文版从入门到精通[M]．北京：人民邮电出版社．

施威铭研究室，2010．正确学会 Photoshop 的 16 堂课[M]．北京：机械工业出版社．

王红卫，2012．Photoshop CS6 图像处理专家[M]．北京：中国铁道出版社．